建筑大师思想·设计译丛

建筑家的读书塾

［日］难波和彦　编著
崔　轩　译
邵　磊　审阅

机　械　工　业　出　版　社

难波和彦老师2010年从东京大学退休后，以难波研究室历届学生为中心发起了LATs读书会，本书是对此读书会的记录。所读书目有本雅明《单向街》、吉布森《生态学的视觉论》、勒鲁瓦-古昂《姿态与语言》、多木浩二《可以生活的家》、库哈斯《S，M，L，XL+》等共12本。选取“日常性”“复杂性”“具体性”“历史性”“无名性”“无意识”作为关键词，以研讨会的形式，先是读书会成员进行提问式的读后书评，后附难波老师的解说，对12本书逐一进行读解。视点从建筑家到使用者、从艺术到设计，对在现代主义运动影响下舍象了的“近代”，试图探索可以对其进行捕捉的、深入而细致的另一种视角。书后附有“难波研究室必读书30册”目录及其简介。

本书可供建筑师和建筑学专业学生，以及对建筑设计理论感兴趣的读者阅读参考。

图书在版编目（CIP）数据

建筑家的读书塾/（日）难波和彦编著；崔轩译．—北京：机械工业出版社，2022.8

（建筑大师思想·设计译丛）

ISBN 978-7-111-72048-5

Ⅰ.①建… Ⅱ.①难…②崔… Ⅲ.①建筑学—文集 Ⅳ.①TU-53

中国版本图书馆CIP数据核字（2022）第214132号

机械工业出版社（北京市百万庄大街22号 邮政编码100037）

策划编辑：闫云霞 责任编辑：闫云霞 李宣敏

责任校对：梁 园 张 薇

责任印制：单爱军

河北鑫兆源印刷有限公司印刷

2023年2月第1版第1次印刷

130mm×184mm·10.875印张·190千字

标准书号：ISBN 978-7-111-72048-5

定价：49.00元

电话服务

客服电话：010－88361066

010－88379833

010－68326294

网络服务

机 工 官 网：www.cmpbook.com

机 工 官 博：weibo.com/cmp1952

金 书 网：www.golden-book.com

机工教育服务网：www.cmpedu.com

封底无防伪标均为盗版

前言（Guide－map）

难波和彦

本书是 LATs（Library for Architectural Theories）读书会的活动记录。LATs 读书会是以东京大学建筑学院难波研究室的成员和难波和彦＋界工作室的成员为中心组织开展的，也有一些外部有志人士参与的开放读书会。LATs 读书会旨在从理论、历史的视角出发，围绕与现代建筑相关的论题和状况进行再思考，活动始于 2010 年 6 月，现在仍断断续续地持续着。

现代主义的建筑、都市理论目前处于一种和现实产生分裂，失去说服力的状况。在后现代主义登场四十年后的今天，甚至可以说，对现代主义理论的怀疑已经成为一种普遍认识。从 1990 年以后兴起的诸多事件来看，全球化的加速、IT 技术革命、金融资本主义的席卷、中东和亚洲等非西欧文化圈的急速成长等，都使得现代主义理论和现实之间的分裂进一步扩大。在当代，一方面存在着城市规划不可能之说，另一方面，我们可以看到一些极个人化的情况也在逐渐被纳入到建筑设计中心性命题的讨论之中。

但若将现代主义理论的缺陷直接理解为“近代化 = Modernization”的失败，则是过于简单、武断的判断。作为对近代建筑提出“异议申诉”而出现的后现代主义，的确具有冲击现代主义理论弱点的一面，其建筑层面上的表现也在一段时间里作为流行而被消费。反过来也可以这样说，后现代主义在表现上的空间，是直到现在我们依然在“近代化 = Modernization”影响下的一种反向证明。在一些新兴国家，近代化到现在也依然是具有现实性的问题。直到现在我们也没有能够逃脱“近代化 = Modernization”的潮流，其实问题在于现代主义的建筑、都市理论太过于纯粹和抽象，这是 LATs 读书会成员的一种时代认识。

基于以上认识，LATs 读书会认为有必要涉及的命题以一系列关键词的形式列举了出来：“日常性”“复杂性”“具体性”“历史性”“无名性”“无意识”，并基于此对近代之后的著作进行精细的阅读，对在现代主义运动影响下舍象了的“近代”，试图探索可以对其进行捕捉的、深入而细致的另一种（alternative）视角。提高对“近代”认识的分辨率，或许可以成为面向未来发展的起点。这也是对建筑理论实践的可能性进行验证的一次尝试。

从大的方向来看，对建筑的认识方式存在着两种立场。一种是设计建造的立场；另一种是使用的立场。前者是对建筑进行构想设计的建筑家和施工的建设公司的立场，后者是对建筑进行使用的使用者，或者说生活者的立场。当然，建筑家在设计建筑时必然会考虑使用方式；从使用者的立场上来说，为了物尽其用地使用建筑，也有必要了解其是基于什么意图而被设计出来的。所以，很难将两者的立场进行明确的区分。但这种二分式的立场十分有助于理解对建筑认识方式上的不同。

对建筑的理解还有另一种对照式的二分观点。一种是将建筑作为立体的造型，或者说作为空间来认识的视角；另一种是将建筑作为功能性的存在，也就是作为生活场所来认识的视角。前者是将建筑作为一种艺术作品，后者是将建筑作为实用的、具有社会属性的存在。一般也可以说前者是艺术，后者是设计（design）。从前者的视角出发，建筑家被看作艺术家，从后者的视角出发，建筑家被看作设计师（designer）。话虽如此，然而建筑必然同时具有这两个侧面的。放眼现实中的建筑，并不能对两者进行那么明确的分类。

以下介绍的四个主题，是由上述两组二分的观点两两组合而成，也就是建筑家和使用者的立场、艺术和设计的视角这四个概念的两两组合。在本书中，LATs 读书会试图达到的目的，就是在各种对比中，对建筑的认识方式以及视角可以从前到后（即从建筑家到使用者，从艺术到设计）地移动。LATs 读书会认为，这种视角的移动恰恰是当前的建筑、都市理论中最为需要的。

I　日常性的美学

LATs 读书会的第一个主题——日常性的美学，将前述对建筑认识的第一组二分观点进行了逆转，主张“使用的立场”同时也是一种和通常含义有所不同的“设计建造的立场”。

《日常生活实践》阐明，即便是在使用制造品的行为中，也存在着多种多样的具有创造性的想法。并通过这样的想法转换，尝试对“生产和消费”这一传统二元论进行了解构。进而主张，技术的存在不只是为了制造产品，也有为了使用而存在的技术。

《S，M，L，XL+》对于作为建筑设计或城市规划前提条件的当代社会的状况和城市的文脉（context），从多个不同的视角进行了精细的调查和分析。虽然所采取的调查与分析和以往的大体相同，但其目的是进行特别的设计或城市文脉的转换。对此，本书对适应当前全球化时代背景和城市文脉的，具有匿名性和批判性特征的建筑设计以及城市规划的应有方式进行了探索。

《论崇高与美的概念起源的哲学探究》认为引发美或崇高之感情的要因，不只包括由自然现象或人工物具有的特性所引发的刺激，也包括接受这些刺激的人的积极作用。从这里可以引申并明确的是，对于设计制作者来说所必要的，不是施加给使用者的单方面作用，反而更需要重视对使用者自发作用的诱发和引导。

通过以上这些观点可以明确的是，创造（creation）是一种非日常的特别的行为，同时也试图将其自身渗透到每天重复的日常行为之中。

Ⅱ　无意识的构造

LATs 读书会的第二个主题是在“使用的立场”或者说设计的“功能性”中所蕴藏的无意识[㊀]的作用。“使用”这件事的本质是“习惯”。所谓习惯，就是使用行为经过一定时间的不断反复，达到即使不去一一注意到使用方法也可以顺畅地完成行为的状态，行为已经常规化、流程化，如同身体的一部分一样无意识化了。

《可以生活的家》对人们在传统民房或随处可见的普通住宅中的居住生活，在历经时间之后酝酿出独特气氛的样貌，从多个不同的视角进行了分析。在这里可以明确的是，根据建筑家有意识的设计而形成的“制作出的家”中，欠

㊀ 弗洛伊德在《精神分析学》中提出，人的心理过程分为三个层次，意识、下意识（前意识）、无意识（潜意识）。（译者注）

缺了可以形成“生活中的家”的多样化条件。著者对这些条件能否给建筑家设计方法以反馈也是抱怀疑态度的。

《令人惊异的工匠》对散布在全球的乡土建筑进行探寻，并对近代以前自然生成式的、独特的建筑进行了收集。这些建筑一眼看过去像是自然生长出的产物，但实际并非如此，它们是由既是建造者同时也是使用者的无名的优秀工匠们完成的，并随着时间的推进，由人们不断接受、继承，不断被改良而形成的人工物。

《生态学的视觉论》试图探究的是，在地球重力作用下进化至今的生物遗传因子当中，历经了长时间的编排迭代而形成的生态学回路。在这些回路中，最为重要的能力是视觉上的定常回路，即 affordance[㊀]。它是人类作为一种生物，在和环境长期相互作用下，身体化、无意识化了的一种空间图式。作为生物的人类正是顺应着这种图式在无意识中对外界进行理解和把握。所以说，使设计顺应 affordance，是提高设计功能性的一个重要条件。

Ⅲ 自生的秩序和规划

LATs 读书会的第三个主题着眼于“设计建造的立场”

㊀ affordance，是美国知觉心理学者 James. J. Gibson 于 1977 年提出的概念，指环境相对于动物所具有的“意义”。（译者注）

和“使用的立场”相互作用下而产生的巨系统的可能性。当代日本已经不再像现代主义时期那样可以对城市或街道进行大一统规划，不再是自上而下的时代。虽然还会制定类似于大方向引导的方针[㊁]，但这些方针的制定也要根据多方不同的意见，在形成民主合意的基础上，以自下而上的方式进行。

《美国大城市的死与生》是通过回顾纽约市中心地区在居民的努力下以安全舒适的城市为目标进行城市再生的过程，对高密度的紧凑城市的条件进行了经验上的、实证上的论述。虽然是在20世纪60年代那自上而下规划的时代所写就的批判式的内容，但即使是放在已经被新自由主义思想所浸透的当代，也是一部具有重新阅读之价值的经典著作。

《球与迷宫》介绍了建筑家在痴迷于自上而下规划的现代主义时期各种各样的试行错误。对我们而言，则需要一方面学习现代主义建筑家的视角和思考，一方面思考从和他们相反的自下而上的路径构筑起能够将其实现的

㊁ 这一点涉及日本的城市规划体系的发展变化，按现在的情况以东京都为例，规划体系中包含——東京の都市づくりビジョン（类似于战略规划）、都市計画区域マスタープラン（类似于城市开发边界内的总体规划）、都市再開発の方針、防災街区整備方針、住宅市街地の開発整備の方針（类似于专项规划）、区市町村マスタープラン（类似于区一级总体规划）等（参考：日本国土交通省网站、东京都政府网站）。（译者注）

方法。

《从混沌到秩序》介绍了物理学领域从初次证明了时间不可逆性的 17 世纪一直到现在的历史发展过程。时间的不可逆性，在社会科学和人文科学中被认为是理所应当的，而在物理学领域却是直到最近才能够被证明。这是因为像社会或城市这种具备复杂性的存在，是模型化的方程式所无法解析的。

Ⅳ 历史的底流

LATs 读书会的第四个主题，超越了立场和视角的差异，将视线投向了存在于历史底流中的“不变”。历史中的确充溢着千变万化的各种事件，但需要思考的是，在那些纷杂表象下是否存在着不变的、持续着的底流呢？也许可以这么说，历史，是由不停转换变化着的事件和基本上不变的宇宙间的法则（这实际上也是缓慢变化的）之间扩展开来的多层构造所构成的。

《建筑中的“日本性”》阐释的是矶崎新关于“日本性”的独特视角。据矶崎新所述，“日本性”不仅仅存在于具体的表现中，更是存在于面向表现时的态度之中。这种理念，是接受“外”来的文化思想并使其脱胎换骨，内化于自身的日本人所特有的态度。延续这一思路，也许我们会想到一个逆说式的结论，对全球信息最为敏感的矶崎新本人不就是“日本性”的一个典型吗？

从《复制技术时代的艺术作品》到《单向街》[㊀]等瓦尔特·本雅明的一系列著作，对 19 世纪的前现代时期的艺术和城市进行了细致入微的观察和记录。需要提醒大家的一点是，柯布西耶和本雅明基本上是生活在同一个时代的人。19 世纪时发展出了许多推动近代建筑的技术，柯布西耶所做的是尝试如何将最先进的技术应用到城市中，本雅明则是关注了新技术带给人们在感性上的缓慢变化。那么接下来，对表层和深层的变化进行捕捉并将两者结合，就是我们被赋予的课题与任务。

《姿态与语言》阐述了在人类产生以来的伟大历史中，“技术 = 姿态”与“文化 = 语言”两者携手发展至今的自然史的历程。近代以后的技术与文化看起来是各自独立发展的，但回溯人类史就可以明了两者之间的紧密关系，那么在历史上同这两者近距离碰撞的近代建筑，是不是也可以重新考虑其可能性呢？

㊀ 《单向街》/*Einbahnstraße*/*One Way Street*，1928 年。（译者注）

目　　录

I

日常性的美学

1.1 读：米歇尔·德赛都《日常生活实践》

建筑物语

西岛光辅 + 枥内秋彦

建筑写真

建筑，自从诞生的那一瞬间起就开始了受难的时刻。新建成，是一种转瞬即逝的幻想，从这种值得存疑是否真正存在的状态开始，就无可奈何地要受到无数的侵犯。未告知建筑家的家具、日用品，抑或是由于他者的观念而堂而皇之运进来的一些物品……建筑从竣工的那一刻起，那完美的姿态就已经再也无法得见了。新建成，是 ephemeral（短命）却摆脱不了的念头。这就是建筑家要拍摄建筑写真的原因吧。有着容貌改变的宿命，所以要抓住那再也无法恢复的一瞬？这样被生产出来的建筑写真，本来就只可能是“fiction（虚构之物、幻影）”。虽说如此，但我也并没有主张其价值需要被降低的意思。因为实际上，陈列于书店中的杂志上所展现的就是那样的一个个幻影。直至今日也不知疲倦地游梭于其上的无数热切目光，究竟在追求着什么呢？

在很长一段时间里，照片被认为是传达建筑形象最好的媒介，而且可以通过建筑家对照片的态度和反应来估测其所持的立场。如被称为现代主义者的建筑家们，就试图将这个本来是“临时的 fiction（幻影）”的图片披上真理的外衣。对家具也一一进行设计，就是要把将会侵入建筑中的异物的余地预先消灭掉。通过精致的透视图所展示的对未来场景的过度描绘，则是针对不可预测的使用者的行动而拉起的预防线。以上任何一种目的都和将建筑写真看作真正地记录的目的同等有效。这种时候的建筑家就像是教育者一般，只要凝视其所拍摄的照片就可以发现建筑家所铺设的一层经纬分明的纯黑的网。然而就像历史所揭示的那样，无论建筑家如何周到地铺设一层包围网，使用者都必然会从网的空隙处跻身逃离而出的。

如果说记录这一行为是以往建筑写真的真相，那么现在它的价值已经大为下降了。建筑写真无论如何也不再被认为是对现实的正确描绘了。曾经纯白的建筑肖像，现在已经成为假象和渲染之印象的代表，而正因为如此，我们不得不找出其中所蕴藏的价值，即将建筑写真作为一种物语来认识。

对于“物语”，米歇尔·德赛都是这样表述的，“那是一种叙述（narration），而不是记述”。没有一个读者会把物语当作对现实的记述来看待。与是否是“fiction”或

“non-fiction”无关，物语之中有着游离于现实之外的魅力。米歇尔·德赛都也说，“被物语化了的，是各种各样的手段，而不是真理”。今天的建筑写真中所传达的，比起“现实是这样的”，更多的是会被认为“这样的现实也是有可能的”。而且读者保留自行判断的自由。

换言之，建筑写真从作为必须“知道”的转变成了需要“阅读”的。这种作为日常行为的“阅读”，超出了著者所说的“可以说是消费者之特征的极度的被动性”的价值。米歇尔·德赛都所说的“所有阅读都会改变其对象”并不是言过其实。读者面向文本时，通常会按照自己的想法进行解读或误读，但此时的他们已经被卷入了文本生产的经济活动的最当中。也就是说阅读这一行为，是“在制作一个不同于作者之‘意图’的别的什么东西”。所有的文本，都可以说是作者的意图和读者的想象力两者交织的竞争之地。而如今的建筑写真，也是这样的介质。我们将其称为是一种物语，并非注重它可以提供现实信息的作用，而是注重它可以唤起读者的想象力之价值。

沉默的生产

例如，柯林·罗在柯布西耶的建筑中读出了帕拉迪奥。在建筑家以认真严肃的态度表明了自身意图的地方，读者却可以轻轻松松地将之略过。如果将建筑家看作是意图的生产者，那么在这些“生产者”和其“消费者”（读者）之间，如前所述，潜伏着不同于生产者意图的隐藏着的“制作”。

初看上去，建筑，和文本正相反，会对使用者形成拘束。例如，面对着眼前的建筑，如果是小孩子的话还能做到涂涂画画，但具有一定规则意识的使用者则通常会遵循空间的制约。在这种情况下，就是把建筑作为了一种制度来认识。拿该书（《日常生活实践》）中的用语置换来讲就是，“战略”系统。根据著者的定义，建筑家的战略指的就是想要让使用者的行动可以完全如自己所想般可控制的一种欲动。然而再看看现实中所发生的，实际上是由使用者对建筑进行着解读与转译。只是这通常是缄默的行动，所以不会传到建筑家的耳朵里，或者即便被建筑家知晓了也大多是先斩后奏。这种转译与解读，没有现成合适的词语，就叫它“沉默的生产”吧。就好比在某个美术馆里，有谁会当着管理员的面偏离游览路线呢？人们行事礼仪变得不好的时候，肯定是在他人的目光所及范围之外的时候。恐怕在今天也有不少使用者在阴影里对建筑这一系统大肆施行着逾规越矩的行为。

罗兰·巴特曾深深叹息着说到“作者”已死。巴特所厌恶的对象，是在解读文本之际，以所谓作者（生产者）意图之名施展权势要威风的名头权力机构。今后文本肯定是朝着对读者的诠释无限定和开放的方向演变的，然而“作者”真的已然绝灭了吗？如果可以将读书一事看作是迄今为止被忽略了的另一种生产方式的话，那么过去的大部头文字作者之死是不是作为无数小作者诞生的代偿而被执行的呢？

做着巴特之梦的读者是沉默的，是无言的，但是著者德赛都所观察的读者则是绞尽脑汁寻觅着机会的。他在书中将生产者和消费者之间的关系表述为“战争论式的”。根据他所指的意图，生产者和消费者之间的角力关系绝对不是消失了。“使用者实际上从另一个角度来看，有着另一个名字——消费者，在矫饰的表面之下实际上处于被支配者的位置（statue）。”但同时“即便是被支配者，也并不意味着被动或者顺从。”这种多少有一些二义式的“消费者=使用者”的实践形式，就是该书的主题。它是与“战略”相对的另一个战争论式的形式，相当于先前所提到的“沉默的生产”，该书将其称为“战术”。再强调一遍，消费者的战术指的就是，一边遵从着生产的体系、一边进行转译的行为（法语“faire”），或是存在于其中的技术（法语“art”）。

战略和战术之间的不同，根据执行它们的“场所”的差异，甚至是可以测度的。比如，战略，是以其固有领域为前提的。之所以如此，是因为要想确保制度的稳定，首先就要确定什么是被看作为“敌方”的外部，并将这样的对象进行“管理”或者“排除”。另一方面，战术，没有也不需要有这样的场所。战术的存在条件在于“他者的场所”。消费者在开始他的活动之前，其所在的生产系统必须先被构筑确立起来。重新回到读书的话题，读者是因为文本在那里（他者的场所），并且只有当那里具有文本的情况下，将其进行转译的行为才有可能发生。

解体的欲动

“用钢筋混凝土使墙体更加坚固”是“建筑家的欲动”，著者如是说。这句话也许是符合过去的建筑家的，放到现在却已经感觉是有些老旧的说法了。学生的设计课题就是很好的例子，“我想营造一个自由的场所”（令使用者的欲望可以最大化），这种言辞已经流行好久了。对于想要拘束住使用者的建筑，无论是谁脸上都会浮现出困惑的表情，这在一定程度上是必然的。在大学的设计课题中，是没有实际使用者的，不存在使用者的具体形象，无法与之对话。面对“做不出决定”的使用者，却要事无巨细地将一桌饭菜（建筑功能与空间等）准备好，能够反馈的只可能是一些虚无的想法。在他们那里，催动着现实性（actuality）的，不是将墙体加固的欲动，而是将墙体解体的欲动。

这一“解体的欲动”，甚至可以和弗洛伊德的“死之欲动”相比肩，也并不是最近才涌现出的一种感情。例如，导致CIAM（国际现代建筑协会）解体的Team X就曾引入过“面对建筑和城市时动态的视角”，正是因为想要把建筑从“已发布的制度（矶崎新的说法）”中解放出来。也许，建筑家的大脑中常常存在着一个烦恼，那就是“在某一时间点被建造出的建筑，和在这一时间点之后社会状况所发生的变化两者之间的分歧（gap）”。“解体的欲动”一步一步侵蚀着构筑的欲动，最终看到了一种貌似是解决方案的Archigram的“最小设施化”。极端地来讲，已经到了“莫谈建筑”的程度，在这里面，我们却发现了和最近学生们所说的“自由的场所”同等的精神构造。也就是说，在对“做不出决定的使用者”表示充分敬意的名目下，实际上却是对使用者的敬而远之和有意回避。

这甚至可以说是一种战略圈套了。之所以这么说，是因为对于建筑这一系统的消费者同时也是使用者来说，活动场所一定是必需的。而将建筑进行解体，则是剥夺了为了使用者而提供的场所。实际上，所谓的自由场所，是完全不自由的建筑。现在已被迫沉默的这些建筑，和以前的那些建筑同样地和使用者保持着很远的距离。如果说CIAM是通过“建筑的欲动”与使用者之间割裂开来，那么Archigram就是通过“解体的欲动”实现了和使用者之间的再割裂。

此外，某种试图将处于支配地位的文化之价值进行颠覆的另一种文化，被称为“counter-culture（反主流文化）”。以对抗“建筑的欲动”的姿态而涌动出现的“解体的欲动”，也同样适用于这一称谓。他们也许的确“展示出了一些日常实践的特征”，但是在与使用者的关系上，和他们之前的建筑家并没有太大的差别。“建筑的欲动”也好，“解体的欲动”也罢，如果两方都无法逃脱与使用者之间的背离，那么到底如何才能从这条建筑的死胡同走出来呢？关键在于，不要再继续把使用者的活动看作是“不能决定的”。值得注意的是，当“看作是不能决定的”之时，就已经进入到决定论的范畴里去了。现在可以认清，“把使用者的活动看作是不能决定的”是一种战略了吧。

依据战略而构造起来的系统，一般会被称作制度或真理。战略本就是近乎法的一种概念。但大家都普遍认同的一点是，现代，是一个真理的存在权逐渐失效的时代。如果不想落入廉价粗糙的真理中的话，那么建筑家既不应该强硬推行自己的意图，也不应该摆出沉默的态度，唯有好好面向使用者，好好交流对话这一途径。到这里，话题又绕回来了。“对话”到底是什么呢？“对话”，就是要把使用者卷入生产体系中。不过这不是指要在两者之间建立一种共通的规则（rule/system），而是指在不断地建立规则的过程中，两者之间不断相互阅读和转译（甚至是误读）的这种实践。

建筑物语

就像建筑写真可以被看作是物语那样，就让建筑也被冠以这一美丽的名称吧。“建筑物语”，不应堕入不能决定的虚无主义，而应成为建筑对话这种实践被付诸执行的场所，成为它的经历，成为它的所产之物。这种对话，是一旦有发声就立即将会被阅读和转译，是决断和越界的持续实践。

一般来说，大家都认同生产者和消费者之间的经济行为是非对称的关系，即“生产者所看不到的东西，消费者却可以看得到”。如前文所述，消费者的制作活动是在生产者所看不到的地方进行的。这是因为，生产体系需要通过对违反行为进行取缔（消费者进行制作就是一种违反行为）来达到维持其固有领域的目的。即便如此，所谓的体系管理，也无法做到令消费者的活动依照其法则进行完美的转译。借用著者的话来说就是，消费者会“秘密寻猎”到体系的盲点。可以将“对话”进行下去的这部分建筑家所寻求的，是“只有消费者（使用者）才能看得到的东西”。他们将使用者卷入生产活动中结成“共犯关系”，赌的就是，不如此就无法产生“发现”和从中可能获得的创造性。

这样新型的“共犯关系”，是否意味着建筑家这一职能的衰败呢？不，不是的。建筑家的职能从原来“法”的方面转变成“经济”的方面。现如今建筑家也好，使用者也好，都作为生产体系中的一员，具有同等的资格。但如果这样的话，为什么我们现在还有必要进行专门化的建筑教育呢？放在过去，建筑教育的目的是“为了教化”，现在则是“为了作为他者”。换言之，建筑家和使用者在互相的他者性之中可以发现“思考”的契机与端倪。“理性的不调和与破绽，虽然是理性的盲点，但恰恰通过这一盲点，理性才可以达到另一个次元，即思考的次元。”以前的建筑家也许曾在“理性”中看到了建筑的完成，而现代的建筑家则在“理性的盲点”中看到了建筑的契机。比如说建筑写真，从本质上就不可能是完美的，但也正因如此，它可以成为思考的材料。建筑也同样如此。在建筑家和使用者之间纷杂交织的物语，原本也不可能是完满调和的对象。但也正因如此，我们可以说，不需要害怕发起对话。这一观念用著者的话来说，正是“创造的行为”。“的确，物语是对筋骨所进行的‘描绘’。但是，‘对筋骨进行描绘这一行为，是一种超越了想要把某些东西固定下来的行为’，是一种‘文化创造行为’”。

回溯技术的起源

难波和彦

《日常生活实践》于1980年在法国本土出版，日语版于1987年出版。这回也是我第一次读这本书，书中有几点可以使人强烈地感受到20世纪80年代的时代性，也有好几点放在当代也是共通的命题，使人产生共鸣。以下，将针对该书中所展现的视角，并与LATs读书会提出的问题意识相关联来展开讨论。

ART DE FAIRE（行为的技术）

LATs读书会的目的是，对于现代主义的建筑、都市理论，不仅将其作为设计论或创作论来讨论，而且要通过与社会的、历史的文脉相联结来进行再探讨，以扩大其“射程”距离。通俗地来说，就是不仅考虑“设计建造”，也要把“使用”纳入视野范围，从而构筑起新的建筑、都市理论。从这一立场出发，明示了“日常性”“复杂性”“具体性”“历史性”“无名性”“无意识”这一系列LATs读书会所涵盖的关键词。

初回LATs读书会之所以拿《日常生活实践》一书来读，是从明确LATs读书会的探索方向的角度，考虑到该书可以带来最具广度的视野。书的主题，是将日常生活中所发生的各种活动作为一种创作行为来认识，提出了一种综合的视角。举例来说，对于被“生产”出来的制品进行使用，这一行为通常会被看作是“消费”，而在该书中对制品的使用则被看作是超越了制作者意图的一种创造行为。再比如说，通常我们认为的读书，就是要对书的内容即作者填充在书中的意思进行理解，但在该书中，读书这件事被看作是超越了作者意图的一种创造行为。从这种视角出发，“阅读这一行为”的创造性甚至被推进到了作者意图所不能决定和影响的地步，可以说与雅克·德里达[㊀]所说的“Deconstruction（解构）”就只有一步之遥了。甚至日常会话、购物、料理、散步等一些日常的行为，在该书中也被看作是具有创造性的。简而言之，作者米歇尔·德赛都，将生产和消费、制作和使用、作家和享受者（读者）这些至今为止都被认为是单方向的图式进行了解体，将两者同时放上舞台，作为一个紧密联系的行为来看待，最终将两者的比重成功进行了逆转。该书的原题目是 *ART DE FAIRE*（直译为“行为的技术”），就已经包含了该含义的细微差别。

建筑，既是建筑家所构想的艺术作品，也是被人们使用

㊀ 雅克·德里达，Jacques Derrida，ジャック・デリダ（1930—2004），当代法国哲学家、符号学家、文艺理论家和美学家，解构主义思潮创始人。（译者注）

的具有实用性的存在。我认为可以称呼前者为建筑的艺术性，后者为建筑的设计性。通常我们将工业化制品的设计称为“工业设计”，是因为这其中相较于美的一面，实用的一面所占的比重更高。反过来说，绘画或者雕塑等传统艺术作品则被称为艺术，而不会称其为设计。如此，从艺术和设计的这种分裂的称谓就可以解读出上述两项对立的意味。将这一点和该书的内容相关联，也许我们可以这么说，所谓“日常生活的实践”，就是把那些在此之前被看作是艺术的东西，作为设计来重新审视。如此一来，混杂了艺术性与设计性的建筑，就是最适合该书主题的领域。如果是米歇尔·德赛都的话，他会说，不仅“设计”和“建设”是创造行为，“居住”也是一种创造行为。这一命题在 LATs 读书会第四回中提到的《可以生活的家》中也将有所涉及。

他者的历史　从署名性到匿名性

后现代主义运动于 20 世纪 60 年代兴起，于 20 世纪 70 年代扩大至全球范围，这一条线索很明显地贯穿于该书的各个主题中。建筑领域的后现代主义具备以下几个侧面。首先，通过再评价被现代主义所排斥的历史样式，达成了从功能性到自律的建筑符号性的转变。其次，随着 20 世纪 60 年代波普艺术的兴起和其与建筑的联动，建筑从精英式的存在转变成了大众式的存在。再者，对建筑从社会和经济方面进行审视，为建筑赋予了在城市空间中的意义。在这样的背景下，关于建筑家能够起到的社会作用的认识发生了很大的改变，从对社会起到启蒙作用的现代主义建筑家，到把大众的要求翻译为建筑的后现代主义建筑家，产生了意识变革。以上的多种转换，可以说每一个都是因为对建筑进行使用并生活于其中的人们重新审视了建筑的应有存在方式。

想要更好地理解这一点，可以把 20 世纪 60 年代以后 C. 亚历山大所进行的工作，放到历史的大环境中来看。C. 亚历山大 1936 年出生于维也纳，在英国剑桥大学学习数学，之后赴美国哈佛大学学习建筑。在那里完成了博士论文《形式综合论》[一]（1964 年）和《城市不是树形》(1965 年）之后，到加州大学伯克利分校开设了“环境构造中心”。从这一机构的名称就可以看出在 20 世纪 60 年代结构主义思想所具有的广泛影响。从语言学（索绪尔[二]、诺姆·乔姆斯基[三]）和文化人类学（克洛德·列维-施特劳

㊀ 《形式综合论》/*Notes on the Synthesis of Form*/《形の合成に関するノート》。(译者注)

㊁ 弗迪南·德·索绪尔，Ferdinand de Saussure，フェルディナン・ド・ソシュール（1857—1913)，瑞士作家、语言学家，结构主义的创始人。(译者注)

㊂ 艾弗拉姆·诺姆·乔姆斯基，Avram Noam Chomsky，ノーム・チョムスキー（1928—)，美国语言学家。(译者注)

斯[一]）中诞生的结构主义，是试图揭示人类活动底层的、普遍的、不变的“法则=结构”的思想。类似地，“模式语言”（pattern language）也是以探寻生活空间中不变的结构为目的，而被发现和开发的形态语言。模式语言的目标，不是那些由建筑家设计出的署名作品，而是由普通人一起参加而形成的无名的或匿名性的建筑。在德赛都原本学习的历史学中，也发生着视点的移动，从过去作为权力者和事件之连锁的历史，到民众的历史（德赛都称之为“他者的历史”）。例如，20 世纪初登场的作为历史研究新潮流的年鉴学派[二]，不同于之前的以实证主义史料解释为中心的历史学，他们提倡重视对历史进行结构分析的社会史。而该书正是在这样的时代背景中诞生的。

在之后的 LATs 读书会中将会谈到的简·雅各布斯的《美国大城市的死与生》，也诞生于同样的历史背景中。雅各布斯从居住在城市中的生活者的视角出发，阐明了适于居住的城市空间的特征，指出了现代主义自上而下的城市规划所带来的问题，对自下而上的新型城市空间营造的方法进行了提案。详细的内容将在后面第三章中介绍。此

[一] 克洛德·列维-施特劳斯，Claude Lévi-Strauss，クロード・レヴィ=ストロース（1908—2009），法国哲学家、人类学家，结构主义人类学创始人。（译者注）

[二] 年鉴学派，アナール学派，L'école des Annales，Annales School。（译者注）

外，相似的视角也可以从1964年伯纳德·鲁道夫斯基[一]于MoMA（纽约近代美术馆）举办的“没有建筑师的建筑”（Architecture Without Architects）展览中体现出来。鲁道夫斯基主张，正是因为没有建筑家的参与，具备多样性和统一性的建筑才得以生成。《没有建筑师的建筑》在第二章也会谈到。雅各布斯和鲁道夫斯基的思想，在新自由主义经济所带来的由民间资本主导的自下而上的现代的城市开发建设的时代，所开展的一次重新审视。

作为发现的设计　规划的新样貌

《日常生活实践》于20世纪80年代后期在日本翻译出版，当时正值日本泡沫经济的全盛时期。从全球范围来看，也是从第二次世界大战以后以公共事业为中心的凯恩斯主义经济向哈耶克和米尔顿·弗里德曼所提倡的新自由主义经济转变的时期，是西欧诸国经济发展的时期。这一时期的苏联，戈尔巴乔夫为了大力发展经济，实行了政治体制的改革（Perestroika）[二]和信息公开

㊀ 伯纳德·鲁道夫斯基，バーナード・ルドフスキー，Bernard Rudofsky（1905—1988）。（译者注）

㊁ 改革，Perestroika，ペレストロイカ，перестройка，是于20世纪80年代后半时期开始的苏联所进行的政治体制改革运动，俄语中“再构筑（改革）”的意思。（译者注）

（Glasnost）[一]，然而却于1991年解体。这些历史事件都使得现代主义中的“规划”概念产生了巨大的转变。

在这样的时代，后现代主义开始展现出了一种新的样貌。在日本，在泡沫经济的影响下，后现代主义聚焦到了城市生活游戏性的一面，将时尚、广告、漫画等非主流文化进行了艺术化。于我个人来说，对这个时代最深刻的印象就是《路上观察学入门》。它记录的是一个被命名为“超芸術トマソン”[二]的收集活动，一边漫步于街头，一边寻找那些原本建造于现代主义时代的，在丧失了当初的目的或功能之后成为无用的长物而残存下来的“物件”，基本上是可以作为“游戏”的无意义的活动。但它不仅对“形式追随功能”这一现代功能主义的纲领进行了猛烈的批判，还很难得地以细腻敏感的眼光对残留下的功能进行了解读，展现出“作为发现的设计”的可能性，令人感受到了符号学的“诗学”。现在回想起来，路上观察学明明就是一种“日常生活的实践”。

㈠ 信息公开，Glasnost，グラスノスチ，гласность，是戈尔巴乔夫时代所进行的改革的重要一环，属于情报政策。（译者注）

㈡ “超芸術トマソン”，是由赤瀬川原平等所提出的艺术领域中的概念。其指的是附属于不动产之上的，宛如展示品一般美丽的被保存下来的无用的长物。其存在宛如艺术品，但其作用又不同于完全非实用的艺术品。（译者注）

技术的扩大　生产、交换、消费的融解

将生产与消费相区别的观点认为，首先得生产先行，之后才是追从而来的消费，生产使物品产生，消费使其消失。在该书中，德赛都对这样的区别提出了异议。作为后现代主义倡导者之一的让·鲍德里亚㊀在《消费社会》（1970年*）一书中，阐明了消费这种行为具有神话性与符号性的构造，并紧接着在《生产之镜》（1973年）一书中，对长期固步于维护“生产”之优先性的现代思想进行了批判。德赛都的《日常生活实践》一书很明显是鲍德里亚思想的延续。从这里开始，明确了需要将生产和消费、制作和使用看作是一体化的生态学式系统。那么，如果消费和使用是一种创造行为的话，在其中必然存在着创造的技术（艺术），于是技术的含义也就被转换了。通常来说，技术是被限定在“制作”领域中的，在该书中其适用范围被扩大到“使用的技术”。

二十年前所提出的这种视点的转换，对于现在具有什

㊀ 让·鲍德里亚，ジャン・ボードリアール，Jean Baudrillard（1929—2007），法国哲学家、后现代理论家、思想家。著有《消费社会》/《消費社会の神話と構造》/*La Société de Consommation*（1970年）等书，他关于“消费社会理论”和“后现代性的命运”的见解对当代思想影响巨大。（译者注）

么样的意义呢？“资本”一词中，依然附带着将生产摆在优先位置的视角。然而实际上驱动着资本主义经济的，是与商品的生产同时存在着的交换与消费。近年来随着网络的发展，交换和消费领域被急速地扩大，产生了全球范围的金融资本主义。这种生产、交换、消费的融解现象，正是该书的主张延续的一种体现。

LATs 读书会的目的，就是在生产、交换、消费之间的差异已然融解了的时代，对新的创造（creation）的可能性进行多角度的探索。我认为《日常生活实践》一书恰好提出了其中有可能出现的风险（risk），适合在第一回 LATs 读书会上进行阅读与讨论。

*注：书名后的括号内标明的是原版著作的发行年份。

1.2 读：雷姆·库哈斯《S，M，L，XL +》

“+20 年”从推测到确信

小林惠吾

1995 年，在建筑家中被誉为经典（bible）的一本书出版了，即雷姆·库哈斯的《S，M，L，XL》。该书收录了多篇文章和建成、未建成的许多作品，其强大的说服力带起了一股新的旋风，对全世界的建筑家产生了很大的影响。在当时，后现代主义已经被埋葬，解构主义的宣言也呈露了它的浅薄。那一年的日本，正是阪神淡路大地震和沙林毒气事件接连发生的、具有冲击性的一年。关于建筑家在社会中的立足点以及城市今后的发展方向，建筑应有的存在方式等一系列问题，建筑家自身正处于疑惑当中，突然，这个长 240 毫米、宽 180 毫米、厚 70 毫米，总共 1376 页，重达 2.7 千克的、闪着银光的巨大书物出现了，当时许多建筑师简直像要寻求救赎一般竞相购买此书。在初版之后又经过了二十年，《S，M，L，XL》的日文译本《S，M，L，XL+》终于出版了（ちくま学艺文库，2015年）。到目前为止，原版的公式和非公式版本合计起来已经出版到第四版了，而有库哈斯本人着墨的公式翻译版，这本《S，M，L，XL+》恐怕是全球首个。而这正是缘于曾长年参与了库哈斯多个项目工作并得到了他很大信赖的太田佳代子氏（注 1），他担任了该书的翻译，这是一项令人振奋的事。由库哈斯所特有的那种层层叠加的论述，多重交织的比喻表现，以及精巧的词语所组织的具有高度的文章，在译文中被非常忠实且正确地用日语表达了出来。

从 2005 年起我在库哈斯率领的 OMA 鹿特丹事务所（注 2）工作了七年，有幸参与了多个项目，也同库哈斯有过多次的讨论，主要都是关于项目的，关于他的论说和著书则没有怎么讨论过。不，正确地说是他故意不想谈论吧。关于此书的英文原版，已经有非常多的人进行过各种各样的批评或分析，在此，我想基于自身在 OMA 工作的经验，从自己的视角出发试着进行解读。尤其是关于库哈斯的文章论述是经过怎样的过程才得以形成的，以及尝试着探索这些论述和具体建筑项目之间（考虑到译文版在原版基础上有所变更这一背景）是否具有关联性。

什么被“+”了呢

日文版的这本《S，M，L，XL+》，从原来的西洋大部头经典转变成了日本的文库本[㊀]，并加入了数篇新论和随笔。另外，为了使曾经的《S，M，L，XL》成为《S，M，L，XL+》，将原来依据建筑和城市不同尺度来分类的目录进行了再编，数量庞大的图片版面，包括作品的图片等基本都被撤除。书的构成被再编为更加清晰的几个篇章，即“问题定义”“Story”“城市”“Cadenza”。这些改变正是出于意识到了目标读者的变化，也就是从面向建筑界的“信众”转到面向大众。《S，M，L，XL+》的登场，和之前的《错乱的纽约》（注 3）的翻译版（铃木圭

㊀ 文库本，是日本出版的一种小版面便于携带的图书，有许多经典大部头书籍以简化版的形式发行了文库本。（译者注）

介译，筑摩书房，1995 年）以文库本的形式再登场时一样，也是通过新闻书评的介绍或大型书店的重点推荐和店头摆放等推广形式，可以说终于递送到了库哈斯所说的所属于“city”的主体触手可及之处。库哈斯以前就偏好文库本的大小、形式及其诉求力。对于日本所特有的这种媒介的波及效应，库哈斯十分熟知，可以感觉到他的意图促成了这次的再编工作。此外，对图片版面进行极大的删减，可以使初次阅读该书的读者面对书中所说的“city”时，自然而然地会比照日本的都市而唤起其想象，从而产生超越翻译这一框架的效果，这也是此译本的优点所在。

在此，对于两个版本内容上的差异也想进行一些探讨。原版中所收录的，是从库哈斯与建筑相遇不久时的 20 世纪 70 年代前期，一直到 OMA 逐步进入轨道后的 1995 年，大约二十年间的文章。从那时到现在又过了二十年，《S，M，L，XL +》又收录了这新的二十年的文章，共计四十年的文章，几乎是库哈斯整个建筑人生的思考。全书二十六章中新加入的就有十章，其中有两章是“问题定义”，一章是“Story”，六章是“城市”，一章是“Cadenza”。新加入的文章不完全是 1995 年以后所写，其中半数以上都收录在“都市”这一部分，从这一点也可以看出，原版中将建筑作品和文章置于并列的位置上，而日译版本更加倾向于从城市的角度来看待问题。书中新加入的两篇文章是有谈到东京的，但我个人首先关注的是“柏林——建筑家的笔记”这一部分。

这一短篇谈到的是库哈斯建筑人生最初期20世纪70年代时的话题，讲述了他和昂格尔㊀的几次会面，是非常短小精悍的文章。但本质上是在讲塑造了他之后对于都市和建筑之态度的重要瞬间。文中表述，当时他对于昂格尔对柏林所提出的扁平化（flat）的观点感到十分震惊和感慨。库哈斯说，“在当时，这种观点是绝对的异类……就这样将这个城市，同时包含着那些令人毛骨悚然的历史证据，按照它现有的样子接受了它。”（195页）。在原版中，关于库哈斯和昂格尔以及柏林的相遇，在“对无的想象”和“实地调查之旅”中也有谈及，主要讲述对柏林墙的发现和空洞（void）战略（注4）之间进行联系的契机。但在本章中所述的关于面向城市时的视角之产生，却是在此之前基本没有谈论过的。

“城市”和“问题定义”

库哈斯在之后的《20世纪令人恐怖的美》一文中谈到这种昂格尔式分析城市问题的方式时，是把它作为自己既定的方法论来讲的。

㊀ 昂格尔，Osvald Mattias Ungers，オスヴァルト・M・ウンガース（1926—），建筑家、教育者，新古典主义的传教士。其为原柏林工科大学教授，后于1969年赴美国，任教于美国康奈尔大学、哈佛大学。（译者注）

“如果这一工作中有方法可言的话，那么方法就是建立系统并使对象理想化，也就是将所有已经存在的东西建立系统并进行过大化评价。让可追溯的概念（concept）和意识形态（ideology）一直逼近到那些极其平凡庸常的事情上，不断地由推测而建立起假说。”（211页，《S，M，L，XL+》）

“无论多么无聊沉闷，也要对每一个现场的实际状况进行彻底的冷静的调查，将客观捕捉到的现场的可能性，在深思熟虑的基础上进行活用的一种行为。此外，甚至可以说是大胆无畏……单纯的、任性的一种固执。”（212页，《S，M，L，XL+》）

对库哈斯来说，以上的这种对城市进行客观认识的方法，是一种姿态，甚至是对那些“极其平凡庸常的事情”也要执拗地将其背景中所潜藏的状况或体系进行揭发和暴露的姿态，也是一种契机，是产生出推测式的假说的契机，进而由假说推进到对真实问题的定义。在该书（日文译本）中，由于比原版书出版之时又经过了二十年，这种关于“城市”和“问题定义”之间的关系更加显著地体现了出来。让我们将库哈斯到访各个“城市”的时间和发表“问题定义”文章的时间按照先后排序、整理，就可以看出它们基本处于相交叉的位置上，存在着相互反馈的关系。也就是说他是基于某城市的情况而导出的作为假说的问题定义，将其作为自己的课题，并一直试图在别的城市中寻找可以成为答案的情况。在纽约发现的“基准层平面”和“不可置信的苹果”[一]课题，在经由亚特兰大和波特曼之悖论[二]之后，发展成为“Bigness（‘大’的问题）”假说，又在经过东京和新加坡之后，同“广谱城市”（generic city）联系了起来。在2000年之后他频繁到访“最前线”的迪拜，在这里的发现将“广谱城市”从推测发展至确信，而且还由这里的可持续性（sustainability）产生了新的“智慧景观”（smart landscape）假说。

“这种‘可持续性’，才将会在崭新的都市生活模型中成为导致剧烈变化与修正的支配性体制。”（“最前线”，254页，《S，M，L，XL+》）

“取代了法国大革命中所倡导的‘自由、平等、博爱’，现今世界中所采用的新三原则乃是‘舒适性、安全性、可持续性’。”（“智慧景观”，104页，《S，M，L，XL+》）

从欧洲开始，直至美国、亚洲、中东，这一路向西所展开的库哈斯的西游记，马上就可以环绕地球一周了。他下一个将会把视线投向的城市，很有可能是在未察觉间已

[一] “まさかの林檎（不可置信的苹果）”，这一标题的日文翻译存在错误，在后文中难波老师有详细说明，此处按照原文中所使用的日文标题进行直译。（译者注）

[二] 库哈斯对约翰·波特曼在亚特兰大进行的建筑实践的评论。（译者注）

经实现了的“智慧城市”（smart city）中“原因与结果永永远远来回往复的场所”（105 页），也有可能是看上去绝望的状况之中还存有某些新发现的可能性的，也许是迪拜更向西的地方，或者是非洲的城市，抑或者是欧洲的田舍。

构筑“悖论”（paradox）

这里将话题重新拉回到“柏林——建筑家的笔记”。在这一部分除了记述库哈斯面向城市的态度以外，还介绍了两种面向现代城市的建筑层面的介入方法。第一种方法，是从昂格尔的讲义录中发现的。通过“抵抗沉重的历史”，反而可以明确历史与现代建筑之间的联系，是通过巨大建筑物的介入来摸索未来城市的可能性的一种方法。第二种方法，是从昂格尔指导的研讨会（seminar）中发现的，“要实事求是地进行美学层面的、政治层面的、社会层面的价值判断，‘对城市的衰退进行设计’”（199 页）的方法。

第一种方法展现出的，是那些从文脉中脱离出来的建筑或场所，可以凭借其巨大的尺度而获得的通向“Bigness”与“广谱城市”之思考，以及通过现代建筑来对历史持续地保存与更新的“CRONOCAOS”之思考。第二种方法则体现出由于文脉的欠缺而达到的自由，并和其所提出的、十分有名的“空洞（void）的战略”思考之间有着直接的联系。这两种好像是两相排斥的方法，在库哈斯之后的思考中又发展到了更高的次元。在“不可置信的苹果”中，他谈到“法国新国立图书馆”和“ZKM”项目是为了体现“Bigness”所进行的尝试（68 页），“法国新国立图书馆”项目最为明确地将空洞战略进行了建筑化。也就是说它在进行着巨大化策略的同时也进行着空洞化策略，将前述两种相矛盾的方法，在保持着其矛盾的同时，又在建筑这一回答中使两者得以共存。这并非只限定在这一个项目中，而是在他的数个项目中反复运用的手法。在最近完成的位于莫斯科的“车库当代文化中心”（2015年）项目中，也采用了把苏联时代的巨大废墟原样保留并用新的立面将其围合起来的手法，展示出了通过将空洞进行建筑化而达成对历史进行更新的一种高层次的解决方案。

高层次的解决方案会被要求以高层次的问题提出。库哈斯称这一高层次的问题为“悖论”（paradox）。在阅读该书的“问题定义”时，几乎在全篇中都会有“悖论”这一单词的登场，或者可以说就是在讨论悖论式（paradoxical）的状况。这既是库哈斯在看透了各种状况本质下而频繁而使用该词的一种原因，也可以说它是进行建筑活动的一个必要条件。

“城市化在数十年间在所有地方都在持续地、加速地进行，这期间也正是决定城市状态的时刻，是在全世界范围内冲锋和确立‘胜利’的时刻，也是城市规划这一职业自身逐渐衰退消亡的时刻，对这一悖论要如何说明才好呢？”（“在城市规划中曾有什么”，43 页）

“所谓 Bigness 的悖论，与计算或规划都无关，或者说，正因为其硬直性——是对不可预估的事物可以进行工学解（engineering）的唯一建筑形式。”（“Bigness 以及巨大物体的问题”，59 页）

“曾经是田园的特权的、富含诗意的不规则错落景致，却成为城市的特许专卖品。这种悖论也必然会产生。”（“智慧景观”，103 页）

在库哈斯率领下的 OMA 作品的魅力之所在，是也许乍一看并不精巧或者说是不可解的形态，在经过解说之后就会立刻认为除此之外其他方案都不合适了，达成这样瞬间的飞跃。解说单纯明晰，也会令人反思，为什么至今为止没有人思考到这种程度呢？这种情况实际上在设计现场也常有发生。库哈斯几乎不会以自己的思考为理由对设计做出指示，也不会接受事务所成员以他书中的文章为理由而进行设计提案说明。尽管如此，项目还是会扎实地向着某个方向加速推进，在去往方案汇报的飞机上或是在汇报前三十分钟的酒店大堂里，方案会凭借着库哈斯的解说而立刻被注入鲜活的生命力。设计竞赛或竞标时，会在提交的册子或展板上由他来添上一小段文章以达到同样效果。

这些解说，基本上都揭示出潜藏着的矛盾悖论和其唯一解决方法或迂回手段。也就是说，设计的一大半在悖论被揭示出的时间点上就已完成了。在这里所进行的设计流程，一方面是事务所员工根据所有条件摸索着向解答推进的流程，另一方面则是由库哈斯从悖论的发现，即从解答出发将谜团解开的逆行流程（“考古学的、songline 的发现”）（注 5），这两个流程可以认为是同时推进的。这不单纯是 post-rationalize，也不同于纯粹的设计流程。而库哈斯也并不是从一开始就一直逆向推进的。在绝大部分项目中，都会花费大量的时间进行调研工作，而库哈斯则会在这个进程中的某处开始，从同方向进行着的流程中突然开始他的逆行。对于这一瞬间，事务所成员们是不知道的。但是逆向推进的这两个方向会在某个时间点上发生短路，在这火花产生的瞬间就是提案成形浮现而出的时刻。在事务所里经常是这样推进工作的。

在原书《S，M，L，XL》发售过去了二十年的今天，再一次对该书进行阅读，人们会吃惊于库哈斯的一贯性。1995 年时的原版本只能算是达到了一半程度的预告篇，而此书《S，M，L，XL +》中新加入的文章进一步强化了他的理论，展示出他毫不动摇的姿态。库哈斯偶尔会被误解，其原因很多时候就是因为他对于悖论的解答存在差异。但我认为，在他自身看来，一贯性存在于他对悖论可以进行认识的视角之中，以及为了能够做出决断，是要服从还是要肩负，从20世纪70年代以来一直延续至今的他特有的衡量标准和方法之中。

注

（1）Curator，编辑，从2003年开始到2012年的十年间，在由库哈斯所率领的荷兰建筑设计组织OMA的智库AMO中，进行展览会的企划运营和书籍编辑工作。

（2）OMA（Office for Metropolitan Architecture）是雷姆·库哈斯于1975年创立的建筑设计事务所，现在除鹿特丹外，还在纽约、香港、北京以及迪拜设立了事务所。

（3）《错乱的纽约》（*Delirious New York*）是于1975年出版的库哈斯最初的著作，从20世纪初的纽约的代笔人的立场出发，将曼哈顿成立的过程以及资本主义经济下城市的现象揭示出来，诞生了一些诸如“Manhattanism”和“Lobotomy”的关键词，推出了与该书中的“Bigness”和“基准层平面”等论述有联系的概念。

（4）并不是进行补足，而是借由拿掉某部分而售卖“无”，是库哈斯在城市或建筑中反复使用的概念。并多以“generic”为底、“void”为图的关系来进行述说。

（5）“songline”，译注（1），319 页。

＊ 在本文写作的过程中，得到了建筑史学家中谷礼仁氏在文章写作方面的提示和指导，在此再次表示感谢！

Program——调查——理论化——设计的连锁

难波和彦

《错乱的纽约》/*Delirious New York*：*A Retroactive Manifesto for Manhattan*（雷姆·库哈斯著，铃木圭介译，筑摩书房）于 1978 年出版。日语译本是以 1994 年的英文再版书为底稿，于 1995 年出版，并于 1999 年重新推出了文库化的版本。对于库哈斯来说，该书是他作为建筑家之原点的著作，同时不可否认的还有，此书对建筑界来说也是具有历史意义的著作。

纽约，为了对这一不具备理念的城市的历史进行调查和理论化，库哈斯决意让自己成为纽约的代笔人（ghostwriter）。那是在 20 世纪 70 年代的初期，他对在曼哈顿发生的数起建筑事件进行了追溯式的解读。这里所发生的是和欧洲现代主义不同的另一个现代主义的故事。对于从欧洲发源的现代主义建筑家们来说，城市规划即是对交通、密度、卫生等要素进行控制。而库哈斯在曼哈顿所见到的，则是人类的欲望与技术无限地增长与聚集并导致过密化的一种自发式的成长过程。库哈斯将其赋名为曼哈顿主义（Manhattanism），提出它是与欧洲现代主义运动正相反的相对式的潮流。作为理论事例，库哈斯将视线投向了于20世纪30年代末同期到访纽约的两位欧洲人萨尔瓦多·达利和勒·柯布西耶身上，试图借助此二人，将自己的理论带入曼哈顿主义之中。对于达利而言，曼哈顿已经体现出了超现实主义，已经践行了他所提倡的偏执狂批判法（Paranoid Critical Method）。另一方面，勒·柯布西耶曾经尝试将“光辉城市”应用于纽约，所以可以很清楚地说他对于曼哈顿主义的态度是拒绝的。与欧洲的两人形成对照，该书聚焦到了曼哈顿主义中的那些少数派的建筑上。Waldor Fastoria Hotel 和 Downtown Athletic Club，这两个完全不会被一般建筑史所收录的建筑，却是曼哈顿主义理论构筑的立足点。被库哈斯称为“天才的杰作”的洛克菲勒中心，更是包含了最大限度之过密、program 之混交、建筑内外之分裂、虚拟之世界，达到了曼哈顿主义的顶点。作为现代主义本来的意识形态的匿名性，即无署名性，才是使纽约形成的力量，是该书暗含着的主题。在该书的最后，收录有名为“作为虚构的结论”的一系列设计项目。整本书中库哈斯对生成于纽约的曼哈顿主义进行了认识，并将其方法化，最后将其运用到自己的一系列设计项目中。然而无署名性却已经不知在何时反转成了署名性，这是否是库哈斯有意识地作为仍未有定论。

我在1995年阪神大地震的那一年读到该书的新版，真实感受到了自1970年大阪万博会以后日本建筑家对于城市的逃避态度终于即将终结，并从新都市论的诞生中感受到了冲击。自从我在大学任教以来，便将该书作为都市论和建筑论的最重要文献，在和学生们的读书会中列出来。以下是在建筑学会的官方杂志《建筑杂志》中收录的关于读书会的采访记录。“读书会竞赛”是在学校开设的建筑设计课程和建筑史课程的学生中间所开展的以书评为主题的研究会。

围绕《错乱的纽约》而展开的读书会竞赛——

“南泰裕（下文用‘M’表示）：开展读书会竞赛的契机是什么呢？

难波和彦（下文用‘N’表示）：想让学生们在讨论建筑设计时可以具备历史的视角是第一目的。还有一个想法就是，我们这代人的世代是70年代，是一度远离了城市（问题）的，这次想要营造一个契机，能够重新恢复对于城市问题的审视。

M：在《错乱的纽约》出版之时，我也感受到了很大的冲击。

N：在知道库哈斯之前，我的兴趣是在C. 亚历山大和巴克敏斯特·富勒[一]上的，只是这两位都欠缺城市方面的视角。在大阪万博会后的20世纪70年代日本的建筑家避开了城市的问题，在20世纪80年代关于城市也只是关注于表层的现象，是泡沫时代的符号式的都市论。从这里一跃而起的就是《错乱的纽约》。我认为在阅读该书后，我们这个世代才初次找到了把建筑和城市结合起来的回路。

在这个读书会上，某位学生提出了一个很有意思的观点。他说，库哈斯将曼哈顿主义的特性提炼为四个概念，‘过密’‘格网’（grid）、‘建筑的额叶切除术’（lobotomy）和‘垂直分裂’，而其之后的建筑作品则试图超越这几个概念。重新审视库氏的作品后发现的确如此。也许他就是在撰写该书的过程中明确地认识到了自己设计的主题。另一点就是，该书明显地是在有意识地对比着勒·柯布西耶的《伽蓝白色之时》[二]来写的。说库哈斯是后现代的勒·柯布西耶也无不可。去看看他在做欧洲里尔规划项目[三]时边说话边画草图的录像，就能很好地明白他和勒·柯布西耶的相似点了。”

[一] 巴克敏斯特·富勒，Richard Buckminster Fuller，リチャード・バックミンスター・フラー（1895—1983），美国的思想家、设计师、结构家、建筑家、发明家。（译者注）

[二] 《伽蓝白色之时》/*Quand les cathédrales étaient blanches*/*When the cathedrals were white*/《伽藍が白かったとき》，柯布西耶，Reynal & Hitchcock，1947年。（译者注）

[三] 欧洲里尔规划项目，ユーラリールの計画，Eurolille。（译者注）

围绕“作为虚构的结论”的设计方案——

“N：在读书会的讨论当中，我认为《错乱的纽约》最终章‘作为虚构的结论’中展示出了具体的设计这一点是很好的，研究城市史的伊藤毅先生则提出了相反的主张，认为如果没有最终章的话该书就能算得上是一篇好的论文了，并且批判了书中将历史和虚构的 fiction 相混杂的这一方面。这也体现出设计师和历史学家视角的不同。我在指导设计专业的学生写研究论文时，认为结论可以用设计提案的形式来展现。

M：最终章到底是设计提案呢还是虚构情节呢？这一点很微妙。

N：应该是虚构情节吧。这样风格的研究论文如果不是虚构式的假说的话就无法写下去了。在 20 世纪 60 年代的科学和思想世界中，范式论[㊀]（paradigm）和认识

㊀ 范式论，パラダイム論，paradigm，由托马斯·库恩提出。补充材料：“所谓范式，就是在一定历史时期，特定的科学家集团所共同认可和遵守的包括哲学本体论、认识方法论原则以及价值信念在内的结构体系……库恩强调，革命后出现的新范式根本不同于旧范式。因此对于科学家来说，从忠于一种范式转变为忠于另一种不相容的范式，这就好比‘格式塔转换’或‘宗教的改宗’。既然范式决定着科学认知体系中的基本概念、解释标准和方法论原则，那么范式的转换就意味着一切都发生了彻底的变化。不同的范式之间不可比较、不可通约，无所谓孰优孰劣……他的历史主义科学观的问世在科学哲学史上彻底结束了逻辑实证主义独霸天下的局面”（曾芬.论“范式”理论推动历史科学主义哲学的发展［J］．湖北函授大学学报，2012，25（09）：114-115.）。（译者注）

论[一]（epistemology）曾风靡一时，库哈斯的理论也确实建立在这些思想的基础之上。《错乱的纽约》在序章中先是以假说的形式提出了袖珍版的纽约论，并将其在作为本论的都市论中进行扩大和验证，结论则以项目的形式提出。他在书中将网格和威尼斯运河联系起来，这一点使我想到了之后矶崎新所提出的群岛论（archipelago）。此外，库哈斯方法论的根底之中有着达利 PCM（偏执狂批判法）的色彩。PCM 是隐喻（metaphor）的逻辑，所以从通常逻辑进行探索是不可能的。我认为这是该书最大的魅力。”

建筑计画[二]与建筑设计——

“M：建筑计画与建筑设计，好像后者更具有未来的可能性。

[一] 认识论，エピステーメー論，epistemology。（译者注）

[二] 建筑计画学，けんちくけいかくがく，是建筑学的一个分支，为了能够设计出适合人类的行动或心理的建筑而进行的研究与应用。建筑计画学，是以环境（空间）中的人（集团）的视角（people in place），来讨论如何对“建筑”空间进行“计画”设计（human-centered design）的学问。也就是对从人类（集团）的行为行动面出发的要求与空间（环境）的性能两者之间的关系进行调整、创造，把它看作设计，试图搞清楚这些对应关系的学问。在 20 世纪由吉武泰水等确立。医院、学校、集合住宅、剧院等大规模的公共性较高的建筑设计中尤其需要建筑计画学的手法。（译者注）

N：但我认为现在是建筑计画更为重要的时代。建筑计画学是一种具有先设立假说，然后验证其意义的科学。建筑设计是在建筑计画学的结果之上进行建筑化、空间化。现在从 program 出发来探讨建筑的建筑家非常多。本来 program 论是建筑计画学的守备范围，但现在两者已经不可能再被分离。

M：现在可以看到有一部分先锐建筑师在引领着这一方向。

N：山本理显和古谷诚章的工作就是如此。他们也说过，原来依据各种建筑类别而专门分化的计画学如果不进行转换的话是不行的。学校、医院、图书馆等这样依照不同类别的计画学虽然也是必要的，但是今后城市中的建筑会更加统合化、复合化，囿于条块分割的研究则不能适用，而且实证主义研究依旧盛行。建筑计画学现在还没有将米歇尔·福柯[一]或托马斯·库恩[二]的范式论（paradigm）学到手。我的导师池边阳先生就常常从这一视角来批判建

㊀ 米歇尔·福柯，ミシェル・フーコー，Michel Foucault（1926—1984）。（译者注）

㊁ 托马斯·塞缪尔·库恩，Thomas Sammual Kuhn，トーマス・サミュエル・クーン（1922—1996），美国哲学家、科学家、科学哲学家。1962 年其著作《科学革命的结构》出版，提出了科学和科学思想发展的动态结构理论，第一次明确使用了“范式”（paradigm）这个核心概念，认为科学的发展是种受范式制约的常规科学以及突破旧范式的科学革命的交替推进过程。

筑计画学。都市工学科的创始者高山英华，也曾感叹过城市规划学和城市设计的乖离。他主张，城市规划学虽然作为科学有了很大的进展，但是如果不能将其以城市设计，以眼睛可见的形态提示出来的话，会使得都市工学未来的发展道路越来越窄。如果不像丹下健三那样以具体的设计展现出来的话，都市工学是不能成立的。建筑计画学也是如此。去年（2007 年 3 月）从东京大学建筑学系退休的长泽泰所提倡的‘建筑地理学’，也许正提示了这一问题的一个突破口。”

超级扁平化㊀之后的建筑理论——

“M：关于建筑理论今后的可能性，您是怎么看的呢？

N：作为建筑师，和社会有关的提案如果没有理论是不行的。柄谷行人在《作为隐喻的建筑》的后记中认为面对 20 世纪 90 年代以后的全球化资本主义，唯有持讥讽态度的库哈斯一人是鹤立鸡群的。与他相对的，柄谷举出的是包豪斯的例子。柄谷认为，包豪斯设计运动之根本在于联合主义（associationism），但现在的建筑师则欠缺这种社会层面的视角，并对此提出了批判。虽然包豪斯式的观点能不能在现代适用很难说。

㊀ 超级扁平化，Superflat，スーパーフラット。（译者注）

M：看最近建筑界的状况，会感受到即便没有文字（理论）也是可以做建筑的这种风潮。

N：真壁智治所说的‘kawaii（可爱）拯救日本’等，也是这个意思。这种趋势应该是从超级扁平化之后发展来的吧。形成建筑的社会层面背景和支撑技术都已经十分成熟了。随着技术的成熟和适用，社会要得到一个建筑的难度门槛，变得越来越容易跨越了。我想这是扁平化的最大要因。

M：理论变得不再必要，理论不在化，从某种含义上看起来似乎是一种必然。

N：是理论变得更加个人化（personal）了吧。《错乱的纽约》也是一种个人化的研究。虽说理论这个东西本来就只可能是个人化的。”

作为手段的技术/作为游戏的技术——

“N：在《复制技术时代的艺术作品》[㊀]中本雅明把技术分为两种。一种是以自然为对象，作为手段的技术，

㊀ 《复制技术时代的艺术作品》/*The Work of Art in the Age of Mechanical Reproduction*/《複製技術時代の芸術作品》，中文译名有“机械复制时代的艺术作品”“技术复制时代的艺术作品”“复制技术时代的艺术作品”，本书中基于日文书名的含义，将书名翻译为“复制技术时代的艺术作品”。（译者注）

为了实现社会目标而对自然的法则进行利用的技术。另一种是与自然脱离开，自律型的游戏一般的技术。称之为现代的技术和后现代的技术也是合适的。先前，我曾拜托菊竹清训先生在学校举办特别讲演，他所考虑的技术就是前者，即现代的技术。另一方面，结构家佐佐木睦朗先生所追求的，则是后者也就是后现代的技术。佐佐木所提出的 Flux Structure 就是前所未有的高度游戏化的技术。也许在现在这个时代，不仅是技术，建筑全体都已经进入了游戏式的阶段吧。

M：也就是成为了大家所说的成熟社会吧？

N：比起社会效用层面的价值，由于差异化而产生价值的技术，体现了市场经济的原理。游戏性扩展了建筑的可能性，只要是产生了新的价值，我认为就没什么不好的。创造（creation），本来就是一种游戏性的活动。

M：后现代建筑的关键词是否就是游戏性呢？

N：是称之为游戏性好呢还是隐喻（metaphor）好呢，按本雅明流派的话来说就是无意识的逻辑。

M：《错乱的纽约》作为一本理论书的同时，也如同某种推理小说般，可以感觉到它就是游戏的产物。

N：我个人是把这本书作为紧凑城市（compact city）相关的理论来阅读的。该书是目的型技术和游戏型技术之统合。对于‘过密’这一概念需要以更加正面的态度来评价它。我认为近未来的城市之像，将会是紧凑的过密都市和自然化了的过疏郊外这两者的共存。”

（《错乱的纽约》读书会之难波和彦访谈，《建筑杂志》2008年3月号。访问者：南泰裕，国士馆大学教授，2007年12月4日收录。）

借着这次LATs读书会的机会，和《S，M，L，XL+》一起，我又重读了《错乱的纽约》，发现了一件重要的事。现代主义运动，虽然是在20世纪20年代诞生于西欧，但其后经过在俄罗斯的传播，作为俄罗斯先锋派[一]开花，而后在美国传播，作为国际式风格（international style）扎根。想必库哈斯对这些现代主义的历史是有深刻认识的。在我看来，他之所以在从AA（英国建筑联盟学院）毕业之后直接移居纽约，就是因为他在纽约看到了一种可能性，可以将曾经的思想和表现相分离的现代主义再次进行合体并以新形式再生的可能性。从AA求学时期开始，库哈斯就对“柏林墙”所具有的意识形态层面的意义抱有兴趣，对俄罗斯先锋派，尤其是伊万·列奥尼多夫[二]的一系

㊀ 俄罗斯先锋派，ロシア・アヴァンギャルド，Русский авангард，Russian Avant-garde，19世纪90年代至20世纪30年代在俄罗斯兴起的一系列前卫艺术运动，涉及文学、戏剧、美术、音乐、建筑、电影、设计等领域。（译者注）

㊁ 伊万·列奥尼多夫，Ivan Ilich Leonidov，イワン・レオニドフ（1902—1959）。（译者注）

列项目所具有的革新性也十分关注。我猜测他是想要将后期现代主义的思想和表现，移花接木到曼哈顿岛上构筑起的过密都市纽约的身上。纽约曾经被称为新阿姆斯特丹，对于荷兰人而言也许是会有一些熟悉感的城市吧。在库哈斯还就学于 AA 的 1970 年前后，欧洲经济正处在沉滞的最底端，想要从其中脱离或许也是理由之一。当时有许多建筑师和建筑史学家都从欧洲移居美国并开展活动。与经历了两次世界大战而疲惫不堪的欧洲相比，美国在两次大战中都毫发无伤，无论是在政治上还是经济上在当时都是一人独胜的状况。

在 20 世纪 80 年代初期，库哈斯回到荷兰并在鹿特丹设立了 OMA 本部。在那之后，直到 1995 年完成大著——论文集《S，M，L，XL》之前，库哈斯和 OMA 的活动可以说都是在《错乱的纽约》所提示的理论下进行的、壮大的实验性实践。即使实际上实现的项目非常少，但在这一时期他还是不断地规划设计了许多尺度巨大的项目。在 20 世纪 80 年代，当时的建筑界被清一色的后现代主义所占据，库哈斯和 OMA 则要冲散这一潮流，借助 PCM（偏执狂批判法），不断地对一直以来亢进式发展的现代主义式的现代化进行挑战。之后，随着网络的急速普及和经济全球化的不断深化，库哈斯和 OMA 的活动也随之扩展到全球范围。这一时期的情况，在 Roberto Gargiani 所著的《雷姆·库哈斯/OMA 惊异的构筑》（鹿岛出版社，2015 年）中有详细的介绍。

《S，M，L，XL+——关于现代城市的随笔》（雷姆·库哈斯著，太田佳世子、渡边佐智译，ちくま学艺文库，2015 年）是在《S，M，L，XL》收录的文章的基础上，又加入了之后所写的一些文章而形成的随笔集。其中的大部分是在《S，M，L，XL》快要出版之前的 1995 年写的，也有一些是发表于 20 世纪 80 年代初期的文章，也有非常近期写的“CRONOCAOS”[㊀]（2010 年）、“Smart Landscape”（2015 年）。虽说是“关于现代城市的随笔”，但绝不仅仅是印象批评或个人体验的介绍。虽然的确是从印象和体验出发的，但更重要的，它是从广阔的视野进行了验证和确认的，是在严密细致的社会学调查的支撑下所形成的报告。库哈斯和 OMA 的方法，是收集城市现象相关的资料，并从中形成假说式的理论。库哈斯甚至为此设立了专门的调查组织 AMO。很明显，这一方法是《错乱的纽约》的延续。关于这一点，只要阅读了开篇的 *Generic City*（1994 年）就可以很清晰地明白，其中对由于全球化而丧

㊀ CRONOCAOS，クロノカオス，是库哈斯在 2010 年威尼斯建筑双年展中提出的概念，“CRONOCAOS is showing the wrenching simultaneity of preservation and destruction that is destroying any sense of a linear evolution of time.”（参考：designboom. com）。（译者注）

失了个性的城市进行了论述。七年后其所撰写的书的最后一章 *Junk Space*（2001 年），是一篇印象批评型的文章，是将都市论运用到空间论之中的颇具野心的随笔，而且同样具备分析的深度和批判的锐利度。在书中“城市”这一章中所收录的关于一些个别城市的随笔，可以说是进行再验证的各论。特别是“新加坡 · songlines”，是一篇即使是作为城市史来读也十分耐读的力作。但对于有着“东方的纽约”之称的“中国香港”却没有进行论述，这不能不说是一个遗憾。我个人对最初的“问题提起”这一章所收录的一系列论述最感兴趣：①与 20 世纪 90 年代城市规划之破产相关的“城市规划中曾有什么?”；②证明了建筑规模不断增大的历史必然性的“Bigness”；③展示了 OMA 对于设计与结构、设备等技术条件之间关系问题之见解的“最后的果实”㊀；④围绕均质空间在全球范围渗透进行论述的“基准层平面”；⑤关于全球化之扩张的“Globalization”；⑥对欧洲城市开发中的保存与开发之争进行了论述的“CRONOCAOS”；⑦对数字化设计（digital design）和建筑的本质进行比较的“Smart Landscape”，等等。以库哈斯的

㊀ 原书中难波老师给出的注解：日文版翻译为“まさかの林檎（居然是苹果、不可置信的苹果）”，此题目的原文是“Last Apple”，这里很明显是错译。“Apples”所指的是作为最终的设计条件的结构或设备等技术性的要素，所以译为“最后的果实”更为恰当。（译者注）

方式，从多角度的视点、对围绕城市和建筑具备当代性的话题进行了分析。其中最让人眼前一亮的，是对数字化设计所带来的影响进行论述的“Smart Landscape”中，库哈斯所提出的警告。

“迄今为止几个世纪所积蓄下的知识，和今天被作为‘smart’的狭窄范围的业务之间，几乎没有融合的可能性。我们今天所需要直面的是，建筑长期以来建立的表达人类集体的能力，和可以同个人形成一体化的数字化的能力，两者从根本上的对立关系。”（《S，M，L，XL》，104 页）

一个人对数字化设计（digital design）的态度是乐观的还是悲观的，就如同 pH 试纸一般，可以由此断定出这个人的世代。以往的库哈斯，不论在什么情况下都可以冷静地接受时代的趋势，并思考如何将其以积极的方式进一步展开趋势。但是对于数字化设计，很明显地，他选择了消极的立场。这可以说是对高技派（high-tech）建筑持否定评价的一种延伸。不论是数字化设计还是高技派建筑，对于技术优先主义，他是持否定态度的。“表达人类集体的、建筑的传统能力”，才是正统的库哈斯的主张，这一点需要深刻理解。

《错乱的纽约》和《S，M，L，XL +》正是这样可以从多样化的角度进行阅读的著作，但两者有一个决定性的不同点。前者是以单独著作的形式发表的，后者是和设计实务同时并行写就的文章的荟萃。所以，前者作为读物来看是完整的，后者则是每一篇都和其同时期的设计实务有着紧密关联的。虽然被编辑为可以单独阅读的形式，但还是需要和实际的工作联系起来阅读，这样才可以使主题更加明确地浮现。例如，在读“Bigness”和“Last Apple”时，如果可以结合20世纪80年代末的康所现代艺术中心[一]、法国国家图书馆、比利时泽布鲁日海上转运站[二]等巨大项目的竞赛方案一起来看的话，文章会更具有说服力。“Generic City”和“Junk Space”是关于现代城市空间的具有一般性的考察，从实务的立场来看，是对即将要进行的项目所处的城市文脉（context）展开的分析。也就是说，任何一篇文章都可以在“program——调查——理论化——设计”这一连锁作业之中找到它的位置。

[一] 康所现代艺术中心，Center for Art and Media in Karlsruhe，カールスルーエ・メディアテクノロジー・アートセンター，通常简称为“ZKM”，位于德国卡尔斯鲁厄。（译者注）

[二] 泽布鲁日海上转运站，ゼーブルグ海上ターミナル，Zeebrugge Terminal。（译者注）

1.3 读：埃德蒙·伯克《论崇高与美的概念起源的哲学探究》

由“崇高”所带给现代的

远藤政树+佐佐木崇

感动是什么？

看一幅画的时候，进入教堂的时候，为什么会感动呢？其原因是出于被作为对象之物（object）呢还是出于体验者的感受性（subject）呢，迄今为止已经有许多人进行过论述。在现代的代表论述中，有克莱门特·格林伯格[㊀]从物体制造的立场出发所主张的艺术的自立性，建筑方面也有柯林·罗从经验的侧面将勒·柯布西耶的建筑定义为虚的透明性。而这些的源头都可追溯至埃德蒙·伯克撰写的《论崇高与美的概念起源的哲学探究》(1759年)。

在伯克的时代之前，美的依据，在于均衡或比例等这些外部因素之中，即所谓的古典主义。而从伯克的时代开

㊀ 克莱门特·格林伯格，Clement Greenberg，クレメント・グリンバーク(1909—1994)，美国艺术评论家。(译者注)

始，焦点转移到了人的感受性上。从建筑领域来看，这正是洛吉耶神父㊀在《论建筑》㊁中提出了原始小屋的时期。一直以来作为建筑圣典的维特鲁维《建筑十书》的地位开始动摇，一场浩浩荡荡的对建筑的再定义正在开始启动。18 世纪中期的这段时间，正是重视理性的启蒙思想开始的时代。

在这样的时代中，伯克提出了“崇高”这一命题。他通过崇高问题对物的依据（モノの根拠）进行了思考。并且最先提出了物的依据属于我们内在面的问题，指出了内在对外部对象的投射这一点。和伯克同时代的还有伊曼努尔·康德㊂。据说康德也受到了伯克的崇高论的影响。他在《判断力批判》（1790 年）中，将物的依据完全归束到感受性的问题上。但是先其一步，对和外在对象相关的人类内在的自然的能力进行了定义的是伯克。

那么在现代呢？现代是以“kawaii（可爱）”为代表的十分注重内在面的时代。但是另一方面，也存在着害怕丧失同社会之间连接点的危惧。建筑师思考的是，自己设计

㊀ 马克-安托万·洛吉耶，マルク＝アントワーヌ・ロージエ，Marc-Antoine Laugier（1713—1769），18 世纪法国建筑理论家。（译者注）

㊁ 《论建筑》/《建築試論》/*An Essay on Architecture/The Essai sur l'Architecture*。（译者注）

㊂ 伊曼努尔·康德，イマヌエル・カント，Immanuel Kant（1724—1804），德国哲学家、思想家。（译者注）

出来的建筑如何作用于社会，如何才能使社会接受。现代的价值观十分多样化，是任何人都可以自由获取信息的ICT技术[一]发达的时代。在这样的时代中，个人的嗜好是受到重视的。但是，从“kawaii（可爱）”为代表的内在面的时代更向前看一步，在寻找和社会的接驳点时又会发现什么呢？LATs读书会正是试图探求填补这一沟壑的方法。我们认为，在“崇高”中蕴含着解决这一问题的钥匙。

从对“崇高”的考察中获得的理性的存在

所谓“崇高”，根据伯克或康德的解释，是不能理解的、无法捕捉的、强烈刺激所带来的一种情感。所以无法只在经验者的内部来完成，像阿尔卑斯山那样的大自然或有可能形成自然灾害的现象等，这些对象的存在是必要的，这些正是作为崇高之物的代表。

在18世纪时，以增长对希腊、罗马文化的见识为目的，欧洲大陆旅行（grand tour）十分盛行，人们通过这些活动开始了山岳体验，在此之前从未见过的大自然阿尔卑斯的延绵山脉，进入到了许多文人的视野。在当时，对于未知事物进行理性的判断是必需的。歌德也处于那个时

[一] ICT技术，information and communication technology，信息通信技术。（译者注）

代，他在《意大利游记》[㊀]中详细描述了跨越阿尔卑斯山的情景。作为余谈，日本自古以来也有所谓的山岳信仰。比如，对于均衡、对称且美丽的三轮山的信仰。三轮山如果没有入山许可是不可擅自闯入的，直到现在也是作为神居住的神圣场所。甚至到现在日本都还没有能够进行理性的判断。

1755 年里斯本发生了大地震。为了让大家理解由海啸所导致的自然灾害的巨大程度，康德撰写了数册关于地震的论著，试图对地震的原理进行说明。

在一个这样的时代，伯克在《论崇高与美的概念起源的哲学探究》中反复试图展示的就是物的依据，试图对人感觉到美这件事进行理性的考察。

伯克首先进行的是将“崇高”和“美”进行区别。“崇高”和“美”属于同一个范畴，“崇高的对象具有巨大的体积，与之相反，美的对象则相对较小。美是柔滑的、经过研磨的，与之相反，伟大的事物则是粗糙的和肆意的。”（《论崇高与美的概念起源的哲学探究》，137 页），如他所说，并不是在接受刺激的方式或者刺激的原因上有所差异，而是程度上的差异导致认识到的存在有所不同。

㊀ 《意大利游记》/*Italienische Reise*/《イタリア紀行》，歌德，Johann Wolfgang Goethe，ゲーテ。（译者注）

到这里，这个理论和古典主义的立场并没有什么不同。造就了伯克反古典主义立场的，是他一方面对以均衡为代表的外因进行否定，一方面强调在外部要因和心理要因的中间还有人的判断力的作用。这是伯克通过对“崇高”进行考察所得到的思考。

“属于自我维持型的情感是基于苦和危险之上的。其原因在于，直接对我们进行刺激的情况下这种情感将会是单纯的苦痛，但当我们抱有苦和危险的观念而实际上并未处于那样的状况时，它就转化成了喜悦……引发这种喜悦的，我无论如何都要将它赋名为崇高。”（同书，57 页）

这里所说的，是通过除去“苦”而得到的一种鲜活的反作用式的具有动态性的高扬感。“崇高”，是为了克服“苦”和“危险”而被创造出的一种理性。这部分是伯克具备创新性的观点。在伯克之前，对于不能理解的东西只会以“厉害的”来形容。但是伯克首次指出并且说明了，它是“通过苦而达到的快感”，并非是被动的，而是理性的存在。可以说，外部的对象和内部的理性，哪一个才是诱导要因，两者的区别已经辨不明了，这是他所提出的新的观点。

“崇高”所带来的社会性

之后的康德也受此影响并发展了这一观点。但是伯克

提出的崇高 = 鲜活的反作用式的高扬感的这种解释止步于个人层面的内在面的问题范畴中，这是由柄谷行人在《民族与美学》中所指出的认识。并且根据柄谷的理解，做到了没有将这种鲜活的反作用式的高扬感局限于个人层面内在问题范畴中的是康德。倒不如说，康德对于将问题限制于内在而轻易地止步于美的问题之上——可以认为是浪漫主义的——是拒绝的。“最为殖民主义式的态度，就是将对象评价为甚至尊敬地看为是美的并且只是美的。”（《定本柄谷行人集 4　民族与美学》，岩波书店，2004 年，161 页）

康德同样也对“崇高”进行了探究。但是他对于那些极为壮大、复杂、难解以至于不能理解的事物所采取的认识方法，并没有止步于个人的感性。在此之上，他对于一些所谓的美学的问题规制是持否定态度的，例如不能同他人共有的内容是无法琢磨玩味的，关于世界和平是没有人能明确地提出施策的，只单纯作为美好的事物来进行远观的，不考虑对象所具备的各种属性而只从美的角度来看待的态度等。

但康德也并没有完全回收为理性，而且对于不能校正的问题也没有作为需要否定的问题来对待。作为柄谷的“超越论的假象”，甚至可以说是从认可这些问题之存在开始的。所谓“超越论的假象”，“是仿佛根植于理性而非感性的一种假象，意味着它并不是可以轻易地就能消除掉的假象。单纯靠知性的启蒙是无法将这种假象彻底破除的。”（同68页）这同伯克所赋予“崇高”的定义是一致的。柄谷在这里还加入了“nation”“帝国主义”“宗教”和“资本”。

以nation为例，在他看来，这“并不是支配—从属式的人与人的关系，也不是市场竞争式的人与人的关系，而是对相互扶助式的人与人的关系的一种‘想象式的’回应”（同）之中诞生出的，是作为一种试图解决“由国家和资本所带来的现实问题”的“想象物”而被构想出来的。这部分内容，已经超越了某个人的个人取向判断，而具备了扩展至社会结构的视野。然而伯克并不具备这样的视野。nation，是就连知性的启蒙也无法将其消除的，社会中所必要的现实。也就是康德在晚年以之为目标的、最具超越论式的“世界共和国”的概念。

但是柄谷认为这样的现实，只有在悲情的“崇高”或者“超越论式的假象”相遇之后，才能开始认识到它的必要性。弗洛伊德称之为“超我”的东西，就是从壮烈的战争体验中产生来的，即弗洛伊德也受到了康德的影响。“越是难以放入括弧中的关心，就越能在实行它时感受到巨大的快感（愉悦）……崇高，对于那些乍一看好像只有‘不快感’的对象，在调动主观能动性进行跨越之后而得到的‘快感’。对于康德来说，崇高，并不在于对象，而在于超越了感性的有限性之后而达到的理性的无限性。反之，崇高，是在与自己相对立的对象中发现的理性的无限性，是一种‘自我异化’。”（同155页）

这部分内容向我们展示出了理性的阶段性和向更上一层水平的飞跃，类似于随着能量变化而产生的物质的相变[一]。这还让我想起了由格雷戈里·贝特森[二]所提出的双重束缚（double bind）中得到的学习技术Ⅲ。所谓双重束缚，是因相互矛盾的信息而产生混乱的沟通状况。这和超越论式的假象十分类似。人们为了从这种混乱中逃离出来，而获得新的更高次元的理性，就像海豚为了得到驯兽师手中的鱼而不断地达到更高难度的要求。这虽然只是一个在个体层面完结的低次的学习案例，但贝特森已经试图将理论扩展至体细胞的变化、宗教的觉醒、世界观的大幅改动等方面，这就是双重束缚中所说的学习Ⅲ。这里的假说是，体验者（世界）的内在之中已预先具备了学习能力，通过将其进行释放，理性就会发生相变。但是，无论是人还是

㊀ 随着能量变化而产生的物质的相变，如冰、水、水蒸气。（译者注）

㊁ 格雷戈里·贝特森，Gregory Bateson，グレゴリー・ベイトソン（1904—1980），美国文化人类学者、精神医学的研究者。英文原版：*Mind and Nature：A Necessary Unity*，Bantam 出版社于1988年出版。日文版：《精神と自然》，佐藤良明译，新思索社于2001年出版。中文版：《心灵与自然》钱旭鸯译，北京师范大学出版社于2019年出版。（译者注）

社会都没有意识到所具备的这种能力，通过“超越论式的假象”反而可以意识到。

社会的想象力

柄谷，将这样的学习力——通过引证康德——称之为“想象力”。所谓“想象力”，就是当和自己认知相左的事物出现的时候，试图要超越这种分裂的能力。持有“想象力”而获得新的“高次的次元之实现”，是康德所试图实行的。“重要的是，在迄今为止的哲学当中，被作为知觉的拟似式再现或者作为肆意式空想的，被看低和低估了的想象力，在康德这里，是被作为不可欠缺之物而被提出的。想象力不仅具有再生性，也具有生产性（创造性）。”（同 32 页）

柄谷还试图将想象力拓展到社会层面，就是他所提出的“nation”被构建出来的过程。

对伯克来说也是如此。伯克也同样认可“想象力”的存在。他是这样考虑的，人类的自然的判断能力“有感觉、想象力和判断力这三种即可穷尽”（《论崇高与美的概念起源的哲学探究》18 页）。

他通过在年轻时对“崇高”的研究而知晓了“想象力”的力量。他在历史中留下一笔的，是在之后作为政治家而撰写的《法国大革命论》。这场于邻国发生的法国大革命，他作为政治家在英国试图对革命之后的余波进行抵抗。驱动人们的力量是超越了理性的情念，是感情，是“想象力”，关于这一点他也在对“崇高”的观察中有所自觉。所以在其后半生，在瞬息万变的变化中，在纷杂多样的状况中，他以政治家的身份为自己所信仰理念之实现而不断实践着。

《论崇高与美的概念起源的哲学探究》的最终第五篇是关于语言。将“崇高”和“美”进行了比较，最终他感到最具有可能性的是以诗歌为起点的语言。他所关心的是，人们通过语言而将各种各样的想法联系结合在一起的力量。

他发现了“结合的力”=“想象力”的作用，并像翻译者进行解说那样加注到，“语言表现中本来就缠绕着的暧昧感，通过自由的结合而成的雄辩，丝毫不劣于诗歌，极为强力地使想象力飞翔起来，使得人们最深处的心胸动摇起来，构造自觉地理论化”（同217页）。并且在之后，伯克作为雄辩的政治家，将这些内容应用到了实践中。

那么，让我们尝试将其理论运用于我们直面的设计问题上。设计，是将不可思议的暧昧模糊的问题进行形式化、社会化的过程。当然，仅仅将给予的条件进行整理是不足的。通过所谓的“想象力”而导向更高的次元，即将个人的想法进行社会化是很有必要的。这是一种自发地积极地进行的“超越论式的假象”，从自觉地将纯理性进行扬弃为开始。对伯克来说，以对阿尔卑斯山脉这一大自然的自然体验为起点，以法国大革命为终点，就是这样的一个过程。今天的设计活动中是否存在这样的过程？这是我在读了《论崇高与美的概念起源的哲学探究》之后开始产生的思考。

美学的深度

难波和彦

现在，为什么要关注“崇高与美”呢？在现代，思考崇高和美的问题的意义何在呢？美暂且不论，所谓的崇高到底是什么呢？各种各样的疑问浮现出来。遵循 LATs 读书会的理念，这些问题是一些基础性的、根底性的问题，所以我们要专门来思考一下崇高和美的问题。反过来这样问也可以，在现代，在崇高和美的观念当中为什么感受不到真实感（reality）呢？

这一回将要阅读埃德蒙·伯克的《论崇高与美的概念起源的哲学探究》，这是一本写就于 18 世纪，是有限几本对崇高和美进行论述的著作之一。本来应该拿这之后的康德的《判断力批判》来读的，但如此一来，就有必要参照《纯粹理性批判》和《实践理性批判》来一起看，作为读书会来说负担稍稍有些过重。在这里将副读本定为《定本柄谷行人集4　民族与美学》（岩波书店，2004年）。因为柄谷在书中，通过历史分析的方法探讨了康德《判断力批判》中“崇高与美”论的核心内容。

在LATs读书会的阅读书单中需要加入一些关于美学的著作，也是选择“崇高与美”论的理由之一。在建筑的范畴中有空间论和形态论，但若抛开历史的、文化的视点来谈，在当前的时代就已经是错误了。美学是上部构造，但如果撤空支撑它的技术论、功能论（机能论）等下部构造的话，只是就美学谈美学则会欠缺说服力，这已经是常识性的见解了。但只利用技术论或功能论的分析方法，是无法生成空间或形态的。这一点已经可以用近代建筑的功能主义和技术主义的例子在历史上得以证明。在科学领域，也有托马斯·库恩的范式论（paradigm）对假说的先行性进行了明确。从实际情况来看，美学已然统合了技术论和功能论。从这个意义上来看，美学和设计（design）是相似的。也就是说空间或形态先行，随后再向技术和功能层面提出问题，从而使设计成为可能。康德和柄谷的著作都在试图阐明这一点。

“Alien”与“Timeless”

虽然较少有所论及，但在近代的城市规划或城市设计的思想中潜藏着有被隐藏起来的逻辑，一种类似于美学的逻辑。近代的城市规划一直以形成健康的 happy 的城市为目标，绝对不会规划“坏的场所”。要说起来对什么进行“规划”，就是为了让它“变得更好”，而绝不是为了让它“变得更坏”。这一原则是近代城市规划的默认前提。然而遗憾的是，哪怕当初规划的意图是如此，但也绝不可能完全如其所愿地发展。如果真的有哪个城市或街道完全如规划所示一般地实现了，那这个地方只可能存在于 Dystopia[㊀]之中。是应该说遗憾呢，还是应该说幸好呢，在城市里一定会产生偏离了当初规划的“不正经”的坏场所。很难听说哪个城市中最具魅力的场所、最繁华热闹的地区是按照当初的规划一模一样实现了的。本质上，“坏场所”不是被规划出来的东西，而是自然地发生和形成的。换而言之，自上而下（top-down）的城市规划，如果没有自下而上（bottom-up）地自然发生的活动来进行补全的话，就无法成为一个“正经的”城市。

也许有些不可思议，从刚开始学习建筑的学生时代，我就一直这么认为的，或者可以说是直觉地感受到了，近代城市规划思想中隐藏着的扭曲的美学和逻辑。关于这一

㊀ Dystopia，与理想的乌托邦世界（Utopia）正好相反，是黑暗的世界。（译者注）

问题，我是在三十年前的一次旅行中得到了启发。我的老师池边阳于 1979 年逝世，之后我开始了环世界一周的旅行。在旅途中到过美国东海岸的波士顿，去看哈佛大学的建筑。当时在校园内的书店里，恰好平铺放置着克里斯托弗·亚历山大的 *Timeless Way of Building*（1979 年，通称 *Timeless*，日文译本《建筑的永恒之道》平田翰那译，鹿岛出版社，1993 年）。并且当天晚上在郊区的电影院里观看了 *Alien*/《异形》(导演雷德利·斯科特，1979 年)。在同一天与 *Timeless* 和 *Alien* 相遇完全是偶然，而这对我的建筑人生有着决定性的影响。*Timeless* 是对生成美丽建筑的普遍性过程的论述，*Alien* 则是对恐怖映像的彻底的追求。是夜，我一边读 *Timeless*，一边就有一个直观的想法，如果诚如亚历山大所言，关于美的具有普遍性的 pattern（型）的确存在的话，那么直观来看，恐怖一定也存在有具备普遍性的 pattern。那之后又经过了数年，我对这一问题从多个角度进行了查证，将自己的想法梳理、总结在了一篇名为《Alien 与 Timeless》的长篇随笔当中（收录于《建筑的四层构造》，难波和彦著，LIXIL 出版，2009 年）。当时我的考虑是，不管是美的 pattern 还是恐怖的 pattern，都是从对象的某些属性中生成的。所以在这篇文章中，进行了将美和恐怖的要因还原为对象属性的尝试。诚然，对象如果不具备某些特定的属性，人是无法从中感受到或美或恐怖的。但并不能将之归结为是对象的属性给人以刺激，不是单纯地通过“刺激→反应”图式进行单方向作用的结果。而是其中也有着人类的想象力、创造力的介入，是通过“刺激⇆反应”这种相互作用图式而形成的。某些时候，即便对象不存在，从人的内在面也会产生相似的现象。能认识到这一点，是在我接触了康德和柄谷的美学之后。

对问题进行一下整理。这里有两个问题掺杂在一起，一个问题是，美或恐怖不仅仅来源于对象的属性，而且也在于接受它的人的主观作用（用现在的话来讲就是“脑的信息处理”）。另一个问题是一个疑问，“设计”是否只是追求美或舒适的行为呢？“崇高与美”的观念，和这两个问题息息相关。

崇高与科学

“美的（美しい）”这一词语之中，微妙地蕴含着美是“对象的属性”的感觉。与之相对的，关于美所唤起的心理上产生的效果的“惬意的”“感动的”等词语，则更可以接近和捕捉主观上的感受。引发“可以感受到美”这种主观感情的属性，对具有这种属性的对象，会称之为“美的”，这是常识性的定义。自古以来，认为美是对象所具有的普遍性之属性，这种柏拉图主义的思考方式一直存在。亚历山大的模式语言也是这种思考方式之一。但若是认为和人的感情或心理没有关系的美是存在的，这种主张在现代又不具有说服力。我认为更为妥当的定义是：重视对象与主观的相互作用，“美”不是普遍的、不变的，而是随着时代而变化的、文化的和历史的一种感性。哪怕对象的属性是不变的，（美这种感性）作为接受的方式，会随着文化或时代的不同而发生变化。用现象学的话来说，美是“被构筑起来”的。

埃德蒙·伯克完成《论崇高与美的概念起源的哲学探究》的时间是在18世纪，这是启蒙的世纪，也是对普遍法则进行追求的时代。同时，与18世纪以法国为中心的启蒙运动相对的，以德国为中心的重视个别性和主观性的浪漫主义[㊀]运动也在蓬勃发展。该书把崇高和美具有普遍性的特性作为前提，这一点就是基于启蒙主义。但（伯克）最终关注于“崇高与美的观念”是人类所具有的情感，这一点可以说是站在了浪漫主义的立场上。借助该书在英国思想界出道的伯克，在之后走上了一条政治家的道路。伯克认为政治是一种诉之于听众感情的说服术，对他来说书中关于对象带给人的一种“崇高与美”的心理效果，是他对不同种类情感所进行的case study。

让我们来查证一下书中哪里可以读取到伯克的这种意

㊀ 浪漫主义，Romanticism，ロマン主義。（译者注）

图。首先，在绪论的“关于趣味”中伯克关于该书的前提是这样说的，“我是一个相信这种（对‘崇高与美’进行判断）趣味中必然存在着原理的人。”这非常明显就是一个启蒙主义者的主张。以这种趣味的原理具有普遍性为前提，伯克对“崇高”的观念进行了这样的定义：

“从某些层面上给人以恐怖的感觉的，或与令人恐惧的对象有关、以类似于恐怖的方式发挥作用的，这些都是崇高的源泉，是心中所感受到的最为强烈的情绪。我为何敢于说这是最为强烈的情绪，是因为我确信苦的观念较之快感所囊括的观念更加强而有力。”

“属于自我维持型的情感是基于苦和危险之上的。其原因在于，直接对我们进行刺激的情况下，这种情感是单纯的苦痛，但当我们抱有苦和危险的观念而实际上并未处于那样的状况中时，它就转化成了喜悦。我之所以没有将这种喜悦的情感称为快感，是因为它是基于苦之上的，故而和积极的快感的观念有着很大的不同。引发这种喜悦的，我无论如何都要将它赋名为崇高。自我维持型的情感是各种情感中最为有力的。”

让我们来整理一下以上的主张。首先伯克将美所带来的情绪定义为“快感”，将恐怖所带来的情绪定义为“苦”。在此之上，他主张从可能带来恐怖的状况中被保护起来，在可以保证自我维持的情况下，“苦”就会转化为

“喜悦”，而带来了恐怖感的对象就变成了“崇高”的存在。也就是说，崇高就是在感受到恐怖或危险性的同时又能保障安全的情况下所发生的情感。例如，电闪雷鸣是恐怖的，但若理解了雷鸣只是云中滞留的静电的放电作用的话，它就会转化为崇高的存在。可如果不了解雷鸣的放电原理的话，它则只会带来恐怖。18 世纪是“启蒙”=“科学”的世纪，对于崇高观念的注目，这两者明显是并行的。也就是说，崇高的观念正是启蒙主义与浪漫主义为互补思想的例证。

该书中伯克在定义了崇高和美的观念之后，展开了对它们的详细的分析。以一句话来概括他的话，就是对更为强烈情感之效果的探究。据伯克而言，比起“快感”所带来的美，通过恐怖所达到的崇高才能够更加强烈地震动人们的情感。或者说，比起明晰的理论，伯克对暧昧的理论给予了更高的评价，因为后者更加强烈地推动和作用于人们的情感。功能性、伦理性、明晰性和舒适性等近代的思考目标全部与崇高性无缘，这是伯克的主张。对他而言，近代主义的概念全部都是能动的，而崇高再怎么样也是一个被动的概念，充满了暧昧、不确定、恐怖和不快感，它甚至都不是知性的，也就是说只有在缺乏平衡的地方才会诞生出崇高的情感。在这一点上，以说服术的政治为目标的伯克，显露出了他的真实面貌。

伯克在该书的最终章第五章中，对“语言”进行了论述。按照此前围绕“崇高与美”的议论展开的话，多少都会有一些唐突的感觉，然而并非如此。语言，不同于“崇高与美”带来情感的手段，以不同的方式作用于人们的情感。伯克曾说过，语言不是借由对象物或映像，而是通过见解或象征来作用于情绪的。在这种情况下，重要的不是“明确清晰的表现的语言”，而是“强烈作用于心灵的语言”。伯克这么说的原因在于，他认为前者是作用于知性的，而后者是直接作用于情感的。正是这种想法使得他逐渐发展成为之后的伯克，一位驾驭着修辞技巧的政治家。不指示明确对象物的“语言”，这种传达手段，比起对象物所带来的“崇高与美”更能唤起人们的共鸣，在这里伯克对“语言”的运作机制进行了探究。

美学的主观性

从伯克的崇高论出发，可以导出两个见解。其一是，美可以很明确地带来快感（喜悦），但是这种情感的质量和强度都比不上借由恐怖所达到的崇高而带来的快感（喜悦）。另一个是，崇高所带来的情感（快感），是在理解了对象的构造或机制的基础上，将对象所带来的苦，使之相对化，即通过这种主观上的努力“克服”所达到的。前者，是将带来了崇高的“恐怖”的存在意义再一次进行了明确，后者，是揭示了崇高所带来的感动，是通过主观上对“恐怖”的一种运作（克服）而产生的。

将以上关于崇高和美的理论，进一步在更大范围（context）中进行体系化地整理的，是康德的《判断力批判》。柄谷在《定本柄谷行人集4　民族与美学》所收录的论文《美学的效用——Orientalism（东方趣味）之后》中，将康德的美学进行了整理。虽然比较长，但这是非常准确恰当的评论，所以在此引用如下。

“对于18世纪后半叶出现的关于美的态度，给出了最为透彻的观察的就是康德。他将我们对于某个对象的态度，遵循传统的区别方式，划分为三种。第一种是关于是真还是伪的认识层面的关心；第二种是关于是善还是恶的道德层面的关心；第三种是关于是快感还是不快感的趣味判断。但是，康德的划分和以往思考是有着不同之处的。他并不赋予这些以优劣顺位，而只是将其所能成立的领域进行明确。这一点意味着什么呢？比如说，对于某个对象物，我们至少会同时在三个领域中反应。我们在认识某个事物时，同时也会对其在道德层面的善恶进行判断，进而作为快感或不快感的对象来接受。也就是说，这些领域一直是相互掺杂的，并且时常以相反的形式表现出来。因此，某物是虚伪的或者是恶的，但并不妨碍它是快感（喜悦）的，反之亦然。

康德所认为的趣味判断的条件，是处于‘无关心’时对某物的所见。所谓的‘无关心’，目前看来，是将认识层面的和道德层面的关心也放入了括弧内。这是因为仍没有办法废弃这一部分。然而像这样把什么放入括弧中，并不只出现在趣味判断上，在科学层面的认识中也同样存在，不得不将一些其他方面的关心放入到括弧中……放入括弧中是近代的产物。首先，近代的科学认识就是将对自然的宗教意味或巫术的动机等放入括弧内，才使得近代科学认识得以成立并发展至今。只是，将其他要素放入括弧中，并不意味着要将这些要素进行抹杀。

如此，在康德之后的美学的特征，可以说也是有意识地将一些东西放到括弧里的。以康德的思考，美不仅仅在于感觉上的快感，也不仅仅在于无关心的态度，倒不如说，美是从积极地对‘关心’进行放弃的能动性中诞生的。在这种情况下，越是难以放入关心的括弧中的，就越是可以从这样做的主观能动性中得到快感并形成自觉。常说康德的美学是主观的，就是说的这个意思。

……

将康德的思想最为明了化地展示出来的，是崇高论。崇高，是对于那些乍一看好像只有‘不快感’的对象，在调动主观能动性进行跨越之后而得到的‘快感’。对于康德来说，崇高，并不在于对象，而在于超越了感性的有限性之后而达到的理性的无限性。反过来说就是，崇高，是在同自己相对立的对象中发现的理性的无限性，是一种‘自我异化’。”（153～155页）

在康德的美学当中，无论是认识，或者道德，或者趣味（美学）都被放在对等的位置上，重要的是，美学扎根于主体的能动性之中这一点。并且，最为强烈地要求主体能动性的情感就是崇高。遵循康德的理论，所谓崇高，就是用主体在智识层面的关注（理性）克服了恐怖（感性）之后所带来的快感（愉悦）。平直地讲就是，感受到崇高性的这种快感（愉悦），是通过主体的努力而达成的这一过程中得到的一种自我满足。

设计的意识形态（ideology）

那么，从康德+柄谷所提倡的主观的美学出发，对认识设计中所暗含的伦理有些什么启发呢？在现代，若是对“美”进行直截了当地追求或评价，会被理所当然地（从时代的大环境来看）认为是错误的。最近的一些词语如“カワイイ（可爱）”“キモイ（恶心）”“ダサイ（土气）”等，用既存词语无法表现出的对象的复杂属性，在和时代背景进行结合之后，从主观上进行解释的一种尝试。时代的感性越是细分化，越是难以共有，将对象拉至主观一侧进行解释的余地就越大。如果不能理解某个解释，就无法做到对感性的共有。反过来，主观的解释越是层次多、复杂化、难理解，在对某一解释进行了理解和得到共有的瞬间，人们的一体感就越是得到强化。经过这样的过程就催生出了所谓的社会“岛宇宙化”“群岛化”。

将这一问题拉回至建筑设计上来思考。从对地球环境问题的关注中诞生出的可持续设计（sustainable design），现在已经成为时代的主流。建筑中可持续设计能够得以成立的条件是极为复杂的，但其中最为容易被大家所理解和广泛共有的条件，是建筑的长寿命化和节能化。前者关乎物理层面的耐久性，后者关乎能源层面的效率性问题，两者都和硬性（hard）的技术（technology）有关，即两者都是工学（engineering）中要处理的课题。在工学中，如果可以明确地对课题进行定义的话，那么课题的解答就是谁都可以共有的。反过来说，在工学中可以介入主观性解释的余地是非常小的。如果伯克和康德的美学是正确的，那么即便工学所带来的解答是可以广泛共有的，也不得不说它能带来的人与人之间的共有感是很弱的。而且在现实中，建筑的长寿命化和节能化也不是单靠硬性的技术所能够解决的课题。迄今为止的建筑寿命，不只是由物理层面的耐久性决定的，反而更多的是由法律的改正、功能层面的寿命和技术的革新等历史性的条件所决定的。建筑的节能化，也不只是由建筑的性能和设备的效率决定的，而更大程度上是由使用建筑的人们的生活方式或劳动形态而左右的。所以只靠硬性的工学技术，可持续设计是无法实现的。如果目标是将可持续设计的理念进行广泛的共有化的话，那么问题就会扩展到功能性和社会性，对主观解释的社会学和人文科学进行引入就十分重要。彼时，硬性的工学就只得止步于补全的作用上了吧。

让我们对这一问题进行更为具体的探讨。可持续设计在人的尺度上就是"舒适性"。能够确保舒适的生活，又不破坏地球的环境，建造这样的建筑是可持续设计的目标。但所谓的舒适性到底指的是什么呢？基于什么可以说是舒适的呢？在这里工学也总会被拿出来当作例子，即基于温度或湿度等尺度的、物理的、身体的舒适性。即便因人而异有幅度上的变化，但由数值所展示出的物理的、身体的舒适性是很容易共有的。但是，与硬性的工学问题相同，其共有感是很弱的，因为这里缺少了来自于主体的积极的能动作用。

在我看来，建筑家们之所以未对物理的、身体的舒适性产生较大的兴趣，其原因也许就在于共有感较弱这一点上。建筑家以特殊解[一]为目标，所以会试着做出有着更强

[一] 特殊解：针对问题所给出的解，区别于一般的普遍的解，所给出的特殊解。（译者注）

共有感的舒适性。为了达到这一点，对于建筑家所提案的设计，在努力进行理解的用户（client）的主体侧的作用是不可缺少的。物理的、身体的舒适性是谁都可以共有的。但是对于将项目委托给建筑家的客户来说，他们追求的并不是这种被动的舒适性，而是再往前迈出一步，追求的是积极主动的舒适性。在生活中需要调动智慧，可以自己施加一些作用，半开放式的未完成的舒适性，我想这才是他们所追求的。因此，建筑家必须得通过设计方案多少留给客户一些问题。客户对设计方案进行理解，接受建筑家所抛出的问题，并动用自身的智慧进行解决。这样的互动，会给客户带来更大程度上的舒适性。从以上的论述可以推导出，建筑家需要设计的是蕴藏着问题的舒适性，不要害怕提出语病式的观点，这样客户才“有可能克服不快感”。

综上所述，两种舒适性的构图和崇高与美的对比可以完美叠合起来。

康德 + 柄谷的美学，对近代设计中所暗含的伦理即意识形态（ideology）进行了揭示。同样，在城市规划和城市设计领域中，也应当可以为“坏场所”所具有的意义明确其应有的地位，这个问题我想还是作为有待完成的议题，找别的机会再进行阐述吧。

Ⅱ 无意识的构造

2.1　读：多木浩二《可以生活的家》

正确的误读法

服部一晃

“在世俗的家和建筑家的作品之间，有着不可填合的裂痕。”

多木浩二[㊀]的《可以生活的家》[㊁]（1976 年），是在数量众多的建筑批评中最为单刀直入地指出“建筑家的痛点”的一本书。建筑家创造的是非日常的“作品”，和人们日夜生活于其中的“家”是完全不同的东西——面对如此直接的指摘，身为 artist 的建筑家们都被期待着不管是无视也好或是提出反论也好，需要给出某些明确的态度。对于这个难题给出真挚回应的，是此后代表了一个时代的筱原学派的伊东丰雄、坂本一成及之后的妹岛和世等代表了此后一个世代的建筑家们。也可以说，现代日本建筑表现

㊀ 多木浩二，たき こうじ（1928—2011），日本的美术评论家、摄影评论家、建筑评论家。（译者注）

㊁ 《生きられた家》也有译作为《生活・家》的版本，在本译文中尊重日语原意，译为《可以生活的家》。（译者注）

受到了这个命题的很大影响。

《可以生活的家》的写作对象，不是那些基于建筑家意志设计而成的作品，而是对于非常普通的家所产生的多面化的思考。从现象学、符号学、象征学、精神分析学等多学科角度对家进行分析，这一尝试是从海德格尔[一]1951年的演讲《建筑、居住、思想》[二]和安德烈·勒鲁瓦-古昂[三]的著作《姿态与语言》[四]（1964 年）中得到的启发。即便是在“进行居住”和“进行建设”“进行思考”分离的现代，只要仍然是人类这种 program 对家进行创造，使之形成，是不是仍可以把家作为一种人类无意识思考的 text 来进行解读呢[五]？对现代的家进行深刻的凝视，是不是可以对人类的质变，或者说危机得以窥见呢——这便是《可以生活的家》这本书的中心理念。当然，对于多木而言，

㊀ 海德格尔，ハイデガー，Martin Heidegger（1889—1976），德国哲学家。（译者注）

㊁ 海德格尔于 1951 年在达姆斯塔特举办的“人与空间”会议上的演讲《建筑、居住、思想》/《建てること、住むこと、考えること》（也有译作《住·居·思》）。（译者注）

㊂ 安德烈·勒鲁瓦-古昂，アンドレ·ルロワ＝グーラン，André Leroi-Gourhan（1911—1986），法国史前考古学家、社会文化人类学泰斗。（译者注）

㊃ 安德烈·勒鲁瓦-古昂的著作《姿态与语言》/《身ぶりと言葉》/*LE GESTE ET LA PAROLE/Gesture and Speech*。（译者注）

㊄ 这里的“program”（人类）和“text”（家），两者是行为主体和所形成的结果的关系。（译者注）

《可以生活的家》并不是一本论述建筑的书，而是对他最初的著作《没有言语的思考》（1972 年）的延续和展开。

彼时的多木，将“事物被分解的方式”称作“没有言语的思考”。举个例子，现在眼前有一把椅子，多木会从“何种构件与构件之间是以何种方式结合的”等这种由物件自身所散发出的信息中，对设计者的意志以及无意识的痕迹进行探索。多木就像一位文化人类学者那样，一边对使物体得以成立的构造进行探寻，一边对家具、装饰、建筑、写真等视觉艺术进行论述。而《可以生活的家》把这一框架扩展延伸到了艺术以外。多木的兴趣在于，通过以“普遍存在的家”为主题，跨越特定的设计者，对包含设计者在内的人类集体中的生产者、社会的构成方式进行解读和探讨。

哪怕并非是多木本来的意图，但仍可以将《可以生活的家》作为建筑批判的书来阅读。同时，该书也给予了再一次从“使用侧的无意识逻辑”出发对建筑进行主动追问的契机，是一本宛如多刃剑的书。

对《可以生活的家》而言危险的阅读方式

讲到《可以生活的家》，你的脑中会浮现出什么样的场景呢？我自己会浮现出两个场景；一个是小时候去过的祖母的家，是在代代木八幡的一处文房用品店，昏暗的店铺和后头住家的场景；另一个是在某国的某个街角，对外敞开的黑暗开间，脏污到恐怖的某人的家。当被问到这个问题的时候，完全不会想到自己居住的家——在郊外的一处非常普通的公寓或住宅，不会觉得它是符合“可以生活的家”这种称呼的一个合适的例子。为什么呢？一是因为我个人有一种将祖母家或某国某人的家称作“可以生活的家”的强烈感觉，二是因为这两处无论哪一个都是我作为一个异邦人所发现的东西。

实际上，能把普通的家冠以“可以生活的家”的名称进行讨论，正是“并不在那里生活的第三者”的特权。我也是同样，比起我自身日常所体验着的自己的家，简直就像是专门跑去看的建筑作品一般，作为非日常体验的他人的家，才更适合被称为“可以生活的家”。将某人的日常，作为一种不寻常的普通常态，有意识地进行追问的这种视角，是“建筑家想要从普通（俗）当中抽取出不普通（圣）的一种欲望”的投影。建筑家谈到“可以生活的家”时的这种扭曲和倒错，该如何理解才好呢？

夏目漱石在《草枕》中谈到过理解作者诗意的窍门：“必须得站在第三者的角度上。读者越是能摆正作为第三者的立场，就越是能看出戏剧的妙处，小说也会看起来更为有趣。”这说的是要远离剧中的利害关系。多木之所以能够理解《可以生活的家》中表达的诗意，也正是因为他是作为第三者，有着作为批评家的视角。但是多木谈到，同样作为第三者的建筑家的“解读”，则应该更加地慎重。比如他说到，“建筑家的作品和可以生活的家之间的不同，在现代建筑开始对乡土（vernacular）产生特别关心的时刻，反而更加明晰了”。这表达出了他对于“可以生活的家”被那些“装作”普通（俗）的建筑作品作为后盾而利用了的这件事的厌恶。实际上，后现代历史主义或乡土主义中的大多数，并没有能够逃脱“装作普通的姿态”。

然而，我对于“想从普通（俗）当中抽取出不普通（圣）的这种建筑家的欲望”并不持否定态度。把它作为一个问题，只是在建筑家自己的脖子上套上枷锁罢了。在此，我想借用夏目漱石的话，把“不彻底地进入利害之中”作为问题提出来。比如把“可以生活的家”给我们提出的诸多主题——作为符号的家、远古的记忆、给嘈杂人世赋予了意味的大众世界观（Cosmology Kitsch）等，作为应当达成的“利”来考虑，把近代建筑指名为“害”。那么，想从“可以生活的家”中提取出“反—近代”意识形态的这种意图，才是造成讨论陷于贫乏的原因。无论是“可以生活的家”还是《可以生活的家》，越是彻底地作为第三者来阅读就越有价值。

直译的陷阱

作为第三者的我所能够做到的，就是对于自己之前所认为的“可以生活的家”的两个场景，虽然不足以称为“可以生活的家”，但可以仅仅作为个人兴趣来进行分析。泛着霉斑的粗质混凝土地面，简陋的玻璃质陈列架，泛着莹白光的荧光灯所照亮的逼仄文房用品店，覆满黑色油腻的墙壁和地面，扭曲着堆高的生活用品和破烂玩意，虽然是私密领域，但大大敞开着的房间。从这两个场景中提取共通的特征，可以看到有以下五点，是使之成为“可以生活的家”的条件。

（1）够脏污。

（2）过于昏暗。

（3）隐约的臭味。

（4）东西很多。

（5）莫名其妙。

无论哪一项都和通常我们所关注的建筑作品是相反的，脏、暗、臭、杂乱和意图不明。但是为什么这样的品质会让我觉得是好的呢？是的，恰恰正是这些条件才更接近于“反—近代”。对两个场景所产生的这种正面的感情，是一种和期待很相近的感情，是可以从束缚着我的日常的“近代”之中得以逃离的期待。并且，这些条件和后现代主义建筑家所倡导的西海岸、沿街店铺、亚洲或非洲的村落，抑或废墟、未来都市等主题具有共通性。只要是建筑家，不论是谁，都或多或少有一些将“负”的特征作为正向的优点来捕捉的反方向的感性。但是将这些特征不加处理直接放到设计之中的行为，也有些矫枉过正，无法形成成果。脏、暗、臭、杂乱和意图不明，把这样的世界当作“好的”来说时，我自己的确是从它们的实际危害中抽身而出，从第三者的视角来看的。但直白地讲，无法对“自己的话想在这样的地方居住吗”这个问题直接回答，这本身就说明了，建筑家无法从“赞同普通”与“有意地进行设计”的背离和讥讽中逃脱。对世俗世界进行直译，无法避免对自我应验式特定价值观的推崇和意识形态化。所以，要想更积极地对五个条件进行批评，更好的做法是，更深刻地意识到“反一近代”这种意识形态并有意地进行剥离，更为工科思维地、更为实用地进行转译，真正做到远离利害，作为第三者，只将其中有趣的部分抽出。

五个条件与转译

就像前文所论述的，“可以生活的家”的正确解读在于两点：第一是从第三者的视角出发为了个人的趣味而读，第二是避免直译，提取实用性。遵循这两点，我将先前的五个条件尝试着进行了如下的转译。

(1) 够脏污 = 经历的时间在表层留下了印记。

(2) 过于昏暗 = 只利用自然光进行亮度的摄取。

(3) 隐约的臭味 = 多种多样生活的展开。

(4) 东西很多 = 可以放置东西的地方很多。

(5) 莫名其妙 = 并不由单一的规则决定。

这种转译的窍门就是“无论什么都积极地或者说就事论事地看待”。也许听起来会有点不深刻和简单，但说到底，建筑家是不可能完全直接以“可以生活的家”为价值目标的。所以，现在我们重新对“可以生活的家”进行思考时，要提取出自己认为有效的概念。甚至可以说，这种“缓和的、不激进的读取”才是对建筑家所负沉重桎梏的一种举重若轻的跨越。建筑家的沉重之处在于，不得不双手高举日常性、无名性、大众性的标语牌，不得不标榜自己的“反一近代”或“反一主流”。在此我认为，不要将“可以生活的家”这一问题进行一般化、去讨论普适性的问题，而是“对于我来说，思考它可以在哪方面起作用”，这样正确的“误读法”，对于其他文本来说也是适用的。

脏、暗、臭、东西很多、莫名其妙

至此，对“可以生活的家”的读法先到此为止，接下来尝试对此前提到的五个转译一条一条地进行探讨。这是我自己所认为的“可以生活的家”中新得到的五条实用的启发。

(1) 够脏污 = 经历的时间在表层留下了印记。

讲到“可以生活的家”中最具特征的空间品质，就是家在居住者手中经过了较长一段时间之后所获得的东西。其中尤其是“脏污”这一点，是表层材料经历时间的变化后拥有的重要意义。

对随时间产生变化的表面进行赏玩的文化是广泛存在的，例如“随着使用而逐渐变化出味道的皮革制品”“生长着苔藓的庭院”，或“随着大家的抚摸而变得光滑圆润的佛像”，等等。在建筑中，“古材的优质感”或“破旧混凝土的高级感”等感觉已经成为固定印象，并不是到今天还值得大声来讲的东西。但是，最能够恰当地表现出“可以生活的家”的“生活于其中的时间之绵长”的，就是那种强烈的污浊感。这种直逼至观者面前的感觉，不是经过眼前的这一位居住者所能产生的，而是经过了好几个人的使用才有可能存在的、建筑物自身所散发出的气场。这种“脏污”，并不是刻意地制作所能形成的，而是如文字所表达的那样，是只有经过了长久的年月且没有损坏，并在其间经受和容纳了各种各样的人、各自恣意的活动，才能够存在的。与其说这是关于表面素材或装饰材料的问题，不如说是关乎建筑物的私有和社会共有的问题。

（2）过于昏暗 = 只利用自然光进行亮度的摄取。

2011 年东日本大震灾之后，无论是在办公楼还是在地铁站，为了节电，荧光灯都只开一半[㊀]。这时我的感觉反而是“这种程度（的光）更能让我平静下来”，之前的照度设定简直是愚蠢。但相对于这样的实际感受，一直到今天为止，建筑家们的作品追求的仍然是明亮和白，依旧沿袭着之前的做法，并没有改变。

建筑作品变得要避免“暗”，是从“暗”表征“沉重、阴郁、不切合时代的哲学思考”开始的。也曾经有过以白井晟一为代表的对暗（闇）进行处理的建筑家，可惜得到了“落后于时代”的评价。对暗（闇）的向往和对一缕光线的崇拜其实是表里一体的。这种厚重感，和我们大家眼前的往好处说就是轻盈的，往坏处说就是轻薄的现实，无法协调一致。暗（闇），只要还没有从“表明厚重感的符号”这种表征中切断和脱离出来，就很难成为被建筑家所运用的元素。

另一方面，笼罩着“可以生活的家”的，是更加没有戏剧性的、更加普通的暗。用英语来说的话就是“dim”，

㊀ 2011 年 3 月 11 日日本发生地震，此次地震在日本被称为“东日本大震灾”。当时由于福岛核电站受损，日本经历了电力供给不足，全日本倡导节电，学校、公司、地铁等公共场所都通过减少照明、减少空调的使用等措施来节约电力。（译者注）

是暧昧的、模模糊糊的 anti-climax 的薄暗。积极地接纳这种感觉并将其作品化的建筑家基本上没有。在我们人类生活的世界里，大半的时间都是依靠自然光，在没有达到不便程度的昏暗中进行活动的。而这种低饱和度颜色调和的美，已经被建筑家遗忘了许久。

（3）隐约的臭味 = 多种多样生活的展开。

走进别人家时那种或多或少无法习惯的味道，或者是在亚洲的小路上飘散着的水果香、小吃的食物香气、垃圾或排气的强烈气味等，恰恰是在此处正在有生活进行着的证明。但是，现代的住宅，是向着消除这种“生活臭”的方向发展的。比如，在住宅中已经彻底消灭了火的气味。火的利用，从燃烧薪柴的时代转换成了烧煤气、天然气的时代，再到 IH（电磁加热）的时代，已经完全达到了无臭化。同样，饭菜料理的气味也经历了从使用平底锅到微波炉，再到在外面吃饭，完全从住宅中消失了。可想而知，伴随着饭菜料理移走的，是垃圾的臭味也远离了。而且，从窗外飘进来的植物或雨水等自然的味道，也被密集建设的城市中心驱逐出去，被统一归置在附近的公园里，只有在周末时限定式地提供给来访者。

还有在祖母文房用品店里充斥着的纸的气味、墨汁的气味，以及发霉的臭味，才正是文房用品店所具有的独特的气味。这种“由工作所产生的气味”，随着专门性经营的小店的消失也成为了被消灭掉的气味。

当然，我的意思并不是只要有气味就是好的，也并不只是一种怀旧的趣味。只是想要提示一下，气味的消失，伴随着人们的活动逐渐转向委托外部服务，以及当地街道的专门性和特征的消失。所以说，在“可以生活的家”里飘荡着的各种气味甚至臭味，可以使人们回忆起那些在某些限定场所中往复进行的固有活动，在以前的社会中曾在各处发生着。

（4）东西很多 = 可以放置东西的地方很多。

这句看似抖机灵般的转译，让我想起了法国建筑家事务所 Lacaton & vassal[㊀]。他们的建筑作品数量颇丰，且他们有着独特的建筑哲学，“所谓奢华（luxury），就是指建筑面积宽敞”。如此简单直接，是为了建筑方案汇报发表（presentation）的一种操作。他们使用廉价的材料，基本上只是塑料房子或仓库等，没有为人考虑而只是提供了一个覆盖物，并且在这种操作下形成了近乎浪费的和无用的宽敞建筑地面，并且为了展示出这个建筑有“生活于此的时间”，故意在地面上或桌面上堆叠摆放一些日用品或废弃的旧物。

所谓建筑家的作品，往往是没有什么放置物品的空间

㊀ Lacaton & vassal 事物所，参考 https：//www. lacatonvassal. com。（译者注）

的，也有另外一些是指定了物品必须放置在某些地方的，甚至连必须放什么东西都决定好了。《可以生活的家》对于可以放置东西这件事进行讴歌，一方面体现出作者缺乏对居住者完整生活状态的认识，另一方面只是在表述“保障放置东西的面积有富余”这种理所当然的实事。

（5）莫名其妙 = 并不由单一的规则所决定。

青木淳在《空地与游园地》（王国社，2004 年）中主张，某空间通过逐渐淡化在设计建造时设定的规则，可以获得某些品质。而“可以生活的家”则更为复杂，比如根据功能性、象征性、流行和趣味，或宗教的理由等多种规则，会产生数次的决定，或者可以说任何状态都只是在一条不断做出决定的延长线上的暂定结果。因此规则不仅是不可视的，而且连是否真正存在也不可知。

对建筑家作品起到支撑作用的“建筑性”，指的是明晰的思考和对它的贯彻。但是，建筑性带给居住者的不留余白的窒息感，实际上是大多数建筑家已经意识到的问题。青木淳将这一讨论往更深里推进了一步，他一方面指出了曾经明晰的思考在并非本意的情况下而产生了偏差时的那种雅克·德里达所说的“误配”时的愉悦，另一方面指出“可以生活的家”并不像专门为某人而写的书信，建筑家不能像对待书信那样来处理这种空间。然而多木的功绩恰恰在于他指出了，哪怕是这样的“可以生活的家”中也存在着多种规则。正因为有他在理论上的贡献，所以现在“可以生活的家”才有可能被转译为“由多种规则、多次决定而产生的暂定空间”，并且在被定式化之后成为建筑家可以讨论的问题。

既是作品，又是家

以上，是《可以生活的家》向我传达的五条信息。当然，我在内心盼望着有朝一日能够将这些信息运用在未来的建筑“作品”中。在弥合“建筑家的作品”和“可以生活的家”之间的裂痕的过程中，是否隐含着通往新“作品”的契机呢？在这样的期待下我阅读了《可以生活的家》。这种阅读方法是一种不恰当的行为吗？我并不这样认为。未来永无止境，既是建筑家的作品，又是家，这并不会改变，而《可以生活的家》为这样的矛盾行为提供了无穷无尽的话题。

功能主义2.0 《可以生活的家》中的可能性之核心

难波和彦

《可以生活的家》的初版于1976年发行，之后又多次重印。我是在新版发行之际又购入这本书的，今天再次拜读，距离初版已有35年，阅读此书的意义何在呢？在我看来，其意义是在于可以从更广阔的视野来看“对建筑进行设计”和“对设计出的建筑进行使用、居住、解读”这两方面之间的联系（或断绝）。

对建筑进行使用、在其中居住、对其进行解读，这些本来是广义上的“功能”，那么该书的意义，就在于将原本限定在用途或实用性上的功能概念进行了扩大，对新功能主义的可能性（或者不可能性）从多方面进行了探讨。

和多木浩二的对话

我和多木浩二之间曾经有一次对话。当时是在伊东丰雄的邀请下同几位建筑家一起参观了“仙台媒体中心”（2000 年）。参观结束后，大家都发表了自己的感想，之后同伊东道别，我和多木两人一同归京（东京）。在回去的新干线上，我问了多木，他对于包括仙台媒体中心在内的当时的建筑状况，直率地讲是怎样的意见。当时多木的回答，直到现在我依然记得非常清楚。那是在山本理显的埼玉县立大学（1999 年）刚完成不久，当时的多木刚刚发文表达了从伊东和山本这两位建筑家身上感受到的巨大的可能性。他认为，作为建筑家，这两位是完完全全相对照式的。伊东是印象（image）建筑家，相对地，山本是系统（system）建筑家。作为“仙台媒体中心”和“埼玉县立大学”的比较，是非常准确恰当的评说，我当时没有能够提出在此之上更为深入的问题。记忆中，多木好像紧接着详细阐明了一些这样评说的理由，对于我来说最初的评说就已经十分足够了。

当然，建筑如果只有印象或只有系统都是不能成立的。想要将印象（image）建筑化，就不得不将技术层面的系统赋予其上。想要将系统（system）建筑化，那么形成系统的空间和随之而来的印象也必不可少。倒不如说，“仙台媒体中心”的可能性，就在于印象通过技术系统而得到了彻底地凝练，而“埼玉县立大学”的真实性，若说是在于系统化的平面设计所唤起的丰富的场所印象，也并不为过。而多木的看法中特别有说服力的点是，在这两个建筑中，创作的概念是很直接地和建筑被使用、被体验、被解读的概念相结合的，两者（两个概念）是不可分的。我认为当时多木的这一建筑评论，可以被解读为《可以生活的家》之理念的回响。

批评与创造

在《可以生活的家》初版发行时，许多建筑家在理解、接受它时是有些困惑的。这本书所探讨的对象，并不是多木之前的建筑批判中多有涉及的建筑家的作品，而是讨论了十分普通的、千篇一律的，甚至是近乎媚俗的

（kitsch）建筑物。

在初版发行之后的20世纪70年代后半时期到20世纪80年代的这段时间里，罗伯特·文丘里的《建筑的复杂性与矛盾性》和《向拉斯维加斯学习》以及查尔斯·詹克斯的《后现代建筑语言》的日语翻译版本先后出版，这正是后现代主义思想蓬勃兴起的时代。后现代主义的建筑思想，一方面试图将波普艺术（pop-art）和媚俗（kitsch）等符号学的视点积极地引入建筑设计中，另一方面也有从以C. 亚历山大和列维-施特劳斯的《野生的思考》[㊀]所代表的文化人类学的角度来进行研究。《可以生活的家》是最早展现出这种倾向的。即使书中明确地提出了后现代主义的观点，当时的建筑家在理解它时也是有困惑和疑问的，这是为什么呢？

在此之前的多木，已经多次对当时先进的建筑作品给予了激烈的建筑批评。多木最初虽然是摄影师，但他的摄影作品都是基于其特异的视角之上的。这些摄影作品本身就可以作为一种建筑批评来看待。其后，多木开始执笔撰写了不少文章来表达其建筑批评。对许多建筑家来说，从多木的视点所展开的建筑批评，为自己的作品赋予了历史上的位置，是十分有价值的基准点，并迫使自己从那一点开始展开新的创

㊀ 《野生的思考》/*The Savage Mind*/*La Pensée Sauvage*。（译者注）

造。甚至可以这么说，不论是伊东丰雄，还是坂本一成，都曾是以多木的建筑批评为指针来展开自己的建筑创作的。

另一方面，对多木而言，引入符号学和文化人类学的见解，是为了将批评对象的范围进行扩大的一种十分自然的选择。但遗憾的是，建筑家将这种转向看作他从创造式批判向被动式批判的转变。建筑家的最大质疑，就是多木对“可以生活的家”的条件所进行的这些细致入微的探讨，并没有提示出任何可以和建筑家设计的建筑之间进行反馈的路径。而这所传达的信息，无非就是建筑家们没有能力或者说无法设计出“可以生活的家”。在《可以生活的家》的开头，多木写下的这些对后现代主义的批判，简直就是拂了建筑家们的逆鳞。

“建筑家的作品和可以生活的家之间的不同，在现代建筑开始对乡土（vernacular）产生特别关心的时刻，反而更加明晰了。乡土主义，的确展现出了建筑开始追求具体事物的闪光点，试图脱离‘伟大作品’的倾向。建筑家们试图在‘可以生活的家’的时间、空间之中，寻求可以将原先的建筑进行去圣化，展现鲜活和生活的词汇（vocabulary），以及试图在‘可以生活的家’的文脉和它与家的关系中，寻找修辞的范式。但是即便在这种时候（或者可以说反而在这种时候），‘建筑’也不得不是充分普遍化的概念。这种方法正是在一种具有反讽性（ironical）的认知上建立起来的，即仅凭技术或规划理论或社会学的方法，是无论如何也解决不了我们这个时代的根本性欠缺的。所以，即便标榜自己是乡土主义的，建筑家的作品也仅仅是从‘可以生活的家’这种鲜活的另一极之中，发现和提取了它（可以生活的家）自身并没有意识到的所谓‘建筑性’的概念——一种自我指涉[㊀]的概念。也可以说，经过处理他者的视线而造就的一个人的想象力，描绘出了现在有可能构成的空间的界限。”（岩波现代文库，2001 年，第 7 页）

历史的召还

当时的我几乎是遍览了多木浩二初期的所有著作。从《可以生活的家》，到其后的《眼的隐喻——视线的现象学》（青木社，1982 年）和《“物”的诗学——从路易十四到希特勒》（岩波现代选书，1984 年）。这是我最为集中和充实地阅读多木浩二的时期。但之后随着多木视野的逐渐扩展，我无法再追随他的想法。多木的视点渐渐远离了艺术家和创造者。

《可以生活的家》中十分具有代表性的视角之一，就是采用了文化人类学的方法。在文化人类学中所特有的对原型

㊀ 自我指涉（self-reference），指说话的主体或符号，将自己自身作为指示对象，也称为“自我指示”“自我参照”。根据所说的内容而不时产生自相矛盾的情况，自我指涉悖论自古以来受到哲学家、伦理学等的关注（摘译自《大辞林　第三版》，三省堂）。（译者注）

和起源的追溯，指向的是试图超越历史的无时间性，然而将其直接运用在设计中的话，就和反动的、保守的设计联系上了。后现代主义的建筑家们曾在一段时期里痴迷宇宙论和象征论就是很典型的案例。在20世纪70年代曾有一段时间十分流行基于宇宙论的建筑设计，但在短时期内就消失了。因为急速变化的时代和宇宙论两者从根本上就不能相容。文化人类学的视角中没有固有名（某一事物所特有的名称）的存在，换而言之，《可以生活的家》中并不存在可以认定为固有名或作家性的余地。《可以生活的家》导致的（建筑家们）感觉上的抵触，我想也有这方面的原因。但是从我自己的思考来说，多木思想的特异性在于，利用历史视角对文化人类学视角进行了相对化。多木利用了本雅明的《复制技术时代的艺术作品》[一]，将《可以生活的家》中的文化人类学视角进行了相对化。多木在2000年撰写了《〈复制技术时代的艺术作品〉精读》（岩波现代文库）。

在介绍历史时存在两种视点。一种是要看历史的底流，关注无名性的历史，或者说关注历史中的无意识。另一种是关注作为一连串事件的历史，也就是关注固有名的历史。按照列维-施特劳斯的话，将这两者称为“结构和事

[一] 瓦尔特·本雅明，Walter Bendix Schoenflies Benjamin（1892—1940），德国文艺批评家、哲学家、思想家、翻译家、社会批评家，被誉为“法兰克福学派第一人”，著有《复制技术时代的艺术作品》《单向街》等。（译者注）

件”也是合适的。我之所以勉勉强强可以跟得上多木视角的变化和扩大，正是因为我看出了他的意图，他试图在艺术家的作品中寻找到可以使历史的底流显露出的力量。对多木而言，这些艺术家的作品是将历史中的无意识进行了意识化，是依据发生的事件来搭建和展现结构的一种尝试。他的一系列工作都是源于这一目的：关于画家安塞姆·基弗㊀的《西西弗斯的微笑——安塞姆·基弗的艺术》㊁（岩波书店，1997 年），《表象的多面体——基弗、贾科梅里㊂、艾维顿㊃、库哈斯》㊄（青土社，2009 年），

㊀ 安塞姆·基弗，Anselm Kiefer，アンゼルム・キーファー（1945—），德国新表现主义代表画家之一。他曾有“成长于第三帝国废墟之中的画界诗人”的称谓，其画作和装置艺术的呈现面貌十分当代，但主题往往晦涩而富含诗意，隐含一种包含痛苦与追索意味的历史感（摘选自《安塞姆·基弗全集》）。（译者注）

㊁ 《西西弗斯的微笑——安塞姆·基弗的艺术》/《シジフォスの笑い—アンゼルム・キーファーの芸術》，多木浩二著，岩波书店，1997 年。（译者注）

㊂ 马里奥·贾科梅里，Mario Giacomelli，マリオ・ジャコメッリ（1925—2000），意大利摄影家。于 2008 年在东京都写真美术馆举办摄影展，首次正式被日本艺术界所悉知。他善于操纵黑与白，利用强烈的对比，借由孤高的抽象现实主义的摄影表现，面向生与死的主题（摘译自东京都写真美术馆官网）。（译者注）

㊃ 理查德·艾维顿，リチャード・アヴェドン，Richard Avedon（1923—2004），美国摄影家。（译者注）

㊄ 《表象的多面体——基弗、贾科梅里、艾维顿、库哈斯》/《表象の多面体—キーファー、ジャコメッリ、アヴェドン、コールハース》，多木浩二著，青土社，2009 年。（译者注）

关于摄影家罗伯特·梅普尔索普[一]的《死亡之镜——源于一枚写真的思考》（青土社，2004 年），等等。多木从伊东丰雄和山本理显的建筑中所观察到的是不是也是这种可能性呢？我认为是的。

象征性与时间性

在《可以生活的家》之中，有几篇令我印象十分深刻的文章。多木参照让·鲍德里亚的理论，阐述了他关于近代设计的认识。

“近代设计所犯错误的其中之一，就是没有能推测出：物因为人而变得鲜活时所产生的符号上的变形（二次意义的产生），以及人们借由这些符号才会形成生活着的‘现实’。所以，近代设计提出了和传统体系形成对置的，从技术体系出发，在功能性、必要性（besoin[二]）、象征性等多方面构建出首尾一贯的、合理的、本质的构造。但是，当时并没有理解的是，物，除了功能性外，还具有社会性，也就是社会层面上的意义，所以实际产生了和所期待完全相反的发展。控制物的要素，并不是必要（besoin/需

㊀ 罗伯特·梅普尔索普，ロバート・メイプルソープ，Robert Mapplethorpe（1946—1989），美国摄影家。（译者注）

㊁ 必要性，ブズワン，besoin，需要、被需要的状态，state of being in need。（译者注）

求）之充分，而是基于欲望（désir[⊖]）的象征性交换。这在一定程度上反映出了，仅仅停留在把物看作是必需品是不充分的。凭借人而变得鲜活的物，从近代设计原本所期待的本质性中脱离出来，近代设计没有能够认清这一社会文化层面的构造。”（《可以生活的家》，125 页）

也许的确如多木所讲的。但我自己的思考是，近代设计从 19 世纪的前现代设计（pre-modern design）开始就已尝试从上述象征性的交换中脱离出来，认识到其错误也只可能是事后才有的判断。而造成无法更进一步突破的原因，我想是对设计的变革性采取的顺应主义态度。虽然我不认为多木有这种想法，但在该书对媚俗（kitsch）进行再评价等内容的阐述中可以看出，有不少建筑家很有可能是如此解读的。

多木进一步引入了时间要素，将这一问题重置为“设计的和体验的之间的不同”。这一点正是该书最为重要的论点。

“如果从设计或规划的视角来思考，那么未来应该是保持开放和不确定的。设计规划和体验的偏差，对于人来说是本质性的。而且这两者（设计规划和体验）都是人类行为的实事。在一部分只关注设计规划（换而言之，除了由理性所构成的世界之外都不予考虑）的人看来属于缺陷

⊖ 欲望，デジール，désir，欲望、渴望。（译者注）

的这种偏差，才正是对人类来说蕴含根本问题的要素。纠结于‘可以生活的家’的未来，才是失去未来的做法，只会暴露对时间理解得不充分。虽然对未来进行预测不是完全不可能的，但并不具备出于‘基于现在的洞察’之外的任何意义。”（《可以生活的家》，201～202页）

这一主张，是受到诸多思想和事件影响下的一种回响和振动：从战后凯恩斯主义到20世纪80年代新自由主义的转变，哈耶克、弗里德曼的涌现秩序㊀思想等。而不可遗漏的另一方面，是计算机的急速发展所带来的将“计划/设计”对象范围进一步扩大的企图。建筑设计也不例外，比如，BIM（Building Information Modeling，建筑信息建模）使设计更为精细化，是将对象范围进一步扩大的一种技术。而我认为它亦可作为证明，证明时代底流中所流淌和进行着的依然是现代主义。

也就是说，就像多木同样指出的，设计只要还滞留在设计创造者一侧的伦理中，无论如何努力地进行更为精细的设计，也无法在设计中融入象征性与时间性。因为一旦设计完成，从设计者手中脱离之后，就再也不可能任凭设计者来掌控了。就像《日常生活实践》中米歇尔·德赛都所指出的，对设计进行使用、进行体验、进行解读，也是

㊀ 涌现秩序，emerging order，自生的な秩序。（译者注）

一种创造行为。把这一论证反过来看，如果能够将设计侧的伦理和使用者伦理，共同作为创造的伦理来考虑，便可以消解问题。而且，当代的设计也在向着这一方向发展。

在“注视”和“散漫的意识”之间的徘徊

一般来说，针对建筑进行论述时关注的是建筑本体，而对建筑的体验和随着不断地使用而产生的时间上的变化则被忽略。建筑作为一个独立的作品而被议论。将建筑作为作品来看待，正是因为将建筑摆在了前景的位置上。既然建筑是一个独立的领域，这样做是当然的。对于这种被认为是理所应当的前提，《可以生活的家》则是尖锐地把疑问摆了出来。

建筑完成之际，并不是它的终点。在完成的时间点上，建筑作为前景或许的确是沐浴在注目之下的，但也只是有短暂的一段时间。而建筑随着时间会扎根于场所之中。建筑，随着被体验、被解读，随着日常生活的经历被身体内在化，以及伴随着成为风景的一部分，对人产生着影响。瓦尔特·本雅明的《复制技术时代的艺术作品》中，将 19 世纪之前的绘画或雕塑等艺术作品和 20 世纪以来诞生的电影或摄影等大众艺术作品进行了比较，并将后者比作是建筑。19 世纪之前的艺术作品，是要站在其面前，是要以注视来鉴赏的。而相对的，电影和摄影作品，则是在被动的状态下以散漫的意识来无意识地享受的。后者的这种体验，按照本雅明的主张，和建筑的体验方式是相同的。沿着本雅明的思路来看的话，通常关于建筑的讨论其实是基于注视理论的。然而建筑本来的作用方式，其实蕴藏在需要花费时间的、被动的、无意识的体验之中。《可以生活的家》所主张的亦是同样观点。

依照《复制技术时代的艺术作品》的论点来看，《可以生活的家》的论述关注的也是散漫的意识，或者说是无意识的构造。多木的洞察中所充满着的看法和观点，其底层的、暧昧的、无意识的构造可以很明确地浮现在我们眼前。但他却没有能够彻底地全面记述，文章各处都有不确定和暧昧的残余。甚至可以说，他所记述的构造，已经成为和原本的无意识完全不同的异质的存在。《可以生活的家》的记述，和人们在现实中所经历的和解读的基本上没有什么关系。但是同样可以明确的是，如果不通过《可以生活的家》的注视，人们是无法明白对设计进行体验和解读的结构的。一方面，建筑家的设计行为，是与这一解读流程相逆向的探索，其中同样也潜藏着不确定性。就像优秀的批评家、历史学家会使历史的无意识中潜藏的固有名浮上水面一样，优秀的艺术家也会通过固有名使历史的无意识浮现出来。也就是说，这里所浮现的无意识，其实是和本来的无意识没有什么关系的。虽说如此，如果不这样做，就连历史中无意识到底是否存在都变得不可知了。

如前所述，《可以生活的家》和建筑家的设计在内容（contents）层面是对立的，但是在注视的伦理层面则是同一阵地的。总之，《可以生活的家》也可以看作是基于注视的伦理的一种设计、一种创造。我认为这一点正是《可以生活的家》所展现的最大的可能性。

就像本文最开头所说的，《可以生活的家》是对扩大了的功能主义的一个案例研究。这里的功能，并不是过去的功能主义中的那种从属于设计的功能，而是遵循其自立的理论而展开的功能。新功能主义 2.0 的成立，建立在设计和扩大了的功能两者之间的往来之上。而后，《可以生活的家》新功能主义 2.0 中的启示才有可能广为散播。

2.2 读：伯纳德·鲁道夫斯基《令人惊异的工匠》

从乡土角度对建筑进行思考

岩元真明＋川岛范久

vernacular≠传统性/地域性

伯纳德·鲁道夫斯基，借由 1964 年由他担任策展人在

MoMA 举办的展览会和其上的展览说明（catalog）“没有建筑家的建筑”（Architecture without Architects），而令“vernacular（乡土）”[㊀]的概念被世人所悉知。在十三年后由他编著的《令人惊异的工匠》则是一本对乡土建筑进行系统分析的大著。

以伯纳德·鲁道夫斯基的著作为开端，在20世纪的后半叶，“vernacular”的概念在思想界、美术界也广为传播。但是，在日语中常常被翻译为“风土的”，但其实很难用一个词语来表达出 vernacular 原本含义的广度的。如果其含义只是发现特定的、过去的或地域中建筑的长处并进行现代的应用的话，那么使用“从传统建筑（地域建筑）中学习”这一词语就已经足够了。文丘里的警告还回响在耳边——“朴素的乡土（vernacular）建筑被认同接受和传统建筑借‘地域主义’（regionalism）之名卷土重来是有联系的。”（注1）

为了能够真正地理解“vernacular 建筑”，首先有必要对“vernacular”进行方法论的、概念上的辨析和把握。需

㊀ 作者在此处使用的是日语“ヴァナキュラー”，就是英语“vernacular”的音译。因为文中讨论到了“vernacular”和日文“風土的”之间含义上的差异，而我国的翻译“乡土的”也与这两者的含义略有不同。所以在本译文中为了避免概念混乱，许多情况下直接使用英文“vernacular”一词。此外，“community”一词也具有社会学层面的、物理空间层面的、生活方式层面的等丰富的含义，在本文中的含义与“社区”或“社群”也略有不同，本译文中也直接使用英文单词。（译者注）

得注意，要避免将“vernacular”简单地武断地偷换为传统性/地域性这种顺口的概念。

vernacular 的概念

那么应该如何才能把握 vernacular 的概念呢？首先让我们来引用几条近年来在思想志特集（注 2）中出现的对 vernacular 的定义有所涉及的言论。

“vernacular 这个概念是……为了将民众日常的造形上的实践，以崭新的视角来捕捉而援引的具备战略性的一个概念。(注 3)”（前川修）

“伊凡 · 伊里奇[㊀]在 *Shadow Work* 中将 vernacular 的含义扩展为‘没有在一般的市场中被贩售的’进行使用，作为其背景，是市场和家政的分离……在这种情况下，vernacular 的东西被视为商品的对立概念。(注 4)”（田中纯）

前者是相对于正统文化的“民众的文化（造形的实践)”之侧面，后者是相对于市场经济的“非商品”之侧面，两者都提示出了“vernacular”在本质层面的性质。希

㊀ 伊凡 · 伊里奇，Ivan Illich（1926—2002），奥地利神学、哲学、社会学、历史学的学者，提出了 deschooling、conviviality、lifelong learning 等概念。其主要作品有 *Deschooling Society*（1971 年）、*Medical Nemesis*（1975 年）、*Tools for Conviviality*（1973 年）。(译者注)

望大家注意的是，无论哪一方都没有直接提到“传统性/地域性”这一点。两者都是从十分接近词源上的意义对“vernacular”概念进行了解读。也就是说，vernacular（=土地固有的语言），更进一步追溯上去，在拉丁语中 vernaculus 有（=家生的奴隶）的含义。

非职业性与非商品性

现在开始对《令人惊异的工匠》进行具体的分析。在这里先暂且把“传统性/地域性”也纳入考虑的范围内。如此，作为鲁道夫斯基所描绘的 vernacular 建筑的特征，浮现出“非职业性”“风土性”这两个关键词。首先让我们来看一看“非职业性”这一特征。

“白人所发明的雇佣劳动，是这里的村民们完全不知道的东西……小农建筑的不朽之美在于其未被均质化。它和样式建筑（制式建筑）形成了对照，它绝不退化为 Esperanto（世界语）。（注 5）”

鲁道夫斯基所描绘的 vernacular 建筑是“没有建筑家”的。而更为重要的是，它有时甚至也是“没有职人（非雇佣劳动）”的。《没有建筑家的建筑》《令人惊异的工匠》这两本书的书名已经非常明显地给出了暗示。前者是将建筑中的建筑家排除在外，后者是由非佣金劳动者的“令人惊异的工匠”们——他们有时甚至是动物或自然的营造——对佣金劳动者的职人进行了驱逐。“没有建筑家”这件事是和无名性、非作家性、非样式性相关联的。“没有职人”则是和业余性（amateur）、DIY（do it yourself）、非均质性相关联。进而两者结合就产出了“非商品性”这一重大特征——“石器时代的人们，如果知道今天我们对这种称为家（home）的易坏商品所抱有的想法，他们会怎么想呢，应该会觉得不可思议吧。(注 6)”

“非职业的”生产，产出“非商品的”建筑。重要的是，这里的 vernacular 建筑，和前面伊凡·伊里奇所说的 vernacular 概念很接近。没有建筑家，没有职人的建筑必然是当地居民（community）的成果。哪怕是在日本，那些偏远的、古老的茅葺屋面，也是当地居民共同作业来进行茅葺的更替。

风土性　环境控制与当地调配

接下来要解读的 vernacular 建筑之特征，是“风土性”。具体来讲，可以从“环境控制”和“当地调配”两个方面进行思考。vernacular 建筑，作为适应每片不同土地和当地气候的“环境调节装置”，主要是在第九章“细微部分的重要性”中进行了描述。

让我们来看一看关于其典型事例巴基斯坦风塔（BĀDGĪR）的有关说法，“这个装置的目的是捕获午后的凉风，并把它送到多层住居中的各处去。今天的风塔（BĀDGĪR）由于受到风扇的压制而不断衰退。不可否认的是风有时会在昼间突然静止，但电力也有停电的时候。”

在环境问题成为世界性话题以前，鲁道夫斯基就开始对建筑作为环境控制装置的这一侧面进行了关注。而且，他不仅认识到了自然能源利用的不确定性，而且也窥见到了它对能源基础设施之脆弱性进行补足的可能性。

所使用材料的“当地调配”作为 vernacular 建筑的另一大特征，在《令人惊异的工匠》中多处被反复提及。尤其典型的是第一章“颂扬洞窟”和第十一章“为不法占据的赞歌”，其中描写了洞窟或既存建筑物被“发现”并作为建筑来使用的这种令人惊异的“当地调配”。

vernacular · 对近代建筑的反省

《令人惊异的工匠》是一本内容十分丰富的书，非职业性、风土性的框架并不能完全涵盖书中所描绘的 vernacular 建筑。魔术性、惯习性、非均质性、身体性和非视觉性等也在该书中有所提及，这些都是和西洋的样式建筑或近代建筑的美学相反的品质。将《令人惊异的工匠》中所描绘的 vernacular 建筑和近代建筑进行比较的话，就可以发现以下这些明晰的对应关系。很明显，鲁道夫斯基是将

vernacular 建筑作为一种对西洋中心主义和近代建筑的相对化提案（counter proposal）而引入的。

* 无名性、非作家性↔作家性、建筑家
* 非佣金劳动、community↔佣金劳动职人、商品住宅
* 环境调整装置↔幕墙系统、空调新风系统
* 当地调配↔工业化、标准化
* 永续性↔反复建设拆除（scrap-and-build）
* 魔术性、宇宙性↔脱魔术化、科学主义
* 非均质性↔均质空间
* 非视觉性、身体性↔远近法、比例

与积木的角力

《令人惊异的工匠》最终章的题目画风一变，以“积木的愿望”为题，鲁道夫斯基在这里把对近代建筑的批判推向了高潮。“积木”，作为一种成品和一种玩具，暗示了近代建筑的商品化、标准化、工业化、不断建设拆除（scrap-and-build）和均质性，以及“被给予了积木的儿童”就是对近代建筑家的隐喻（他们手持“积木＝block”进行玩耍！）。当然，鲁道夫斯基对“积木”是批判的，而对 vernacular 的游戏是称赞的。

现代的“积木”比起鲁道夫斯基批判时期进一步地提

升了精度，作为商品化的建材广泛存在，遍及各处。外挂面材、壁纸、顶棚板和照明器具等有着各种规格和可选项。大概从产品目录中选出来些什么也能算是设计吧，虽说如此，可任凭谁都会对这种说法有一丝疑惑。在“积木”中所失去的是创造者=使用者的想象力、主体性和思考。然而对当代的建筑家来说，要避开各式各样的“积木”是不可能的。那么我们需要做的，应当是为了日常造形实践而与“积木”展开争夺，并以恢复创造者=使用者的主体性为目标（注7）。

以这样的认知为背景，笔者对乡土建筑的可能性进行一些思考。以下，将和当代的状况进行对应，从四个方面进行展开，即“Industrial（工业化）Vernacular”“Commercial（商业化）Vernacular”“Sustainable（可持续的）Vernacular”“Vernacular（在地的）街区营造”。接下来笔者将试图对这四个方面进行简洁的论述。

Industrial（工业化）Vernacular

“近代社会的vernacular，是从日常性的都市景观之中诞生出来的。如此的话，从产业设施是十分普通的这一角度来看，industrial vernacular的这种说法也未尝不可。（注8）”（三宅理一）

在现代社会中，工业制品已经成为很平常的东西，而由它们所构建的产业设施或商品住宅，可以称为现代的乡土建筑。例如将各种成品集合拼凑而成的弗兰克·盖里的自宅，就是对现代住宅生产现状进行批判式表现的 industrial vernacular 的先驱事例。

然而近年来，工业制品自身也已经产生了改变。由于计算机和接续而来的数字化作业机械的进化，标准化产品和特制品在生产上，例如工序上的各种差别逐渐减小，在不增加成本的情况下已经达到多品种少量生产的要求。而且以 BIM（Building Information Modeling）为开端，设计工具的进化也是和制造工具技术联动的，可以从盖里科技公司（Gehry Technologies）（注 9）参与的近期作品中看出，复杂形态的建筑的实现已成为可能。

而且像“Fab Lab”（注 10）这样的面向一般市民开放的，具备了立体打印机或切割机等工作机械的工房，以及由他们尝试创建的世界范围的网络体系[一]，也已经开始起步。从大批量生产和市场的逻辑中把“制造”解放出来，成为每一个人都可以制造出自己想要的物品的社会，也许就可以再现曾经的 vernacular 式世界。

㊀ Fab Lab 所搭建的网络平台，是一种结合了 3D 打印、开源硬件、开放设计，以及令多团队共同参与的共享模式、创新设计和制造的模式。上海、深圳、苏州、武汉等地已经设立了 Fab Lab 开放实验室。(译者注)

commercial（商业化）vernacular

“实际情况是具有讽刺性的。近代建筑家们一面站在距离很远的位置上对从前的乡土建筑持欣赏态度，另一面又对美国现有的乡土建筑很是蔑视，比如那些借由一般建筑业者之手而建造的莱维特镇（Lavit Town）的乡土建筑或是沿着66号公路的商业乡土建筑。（注11）”

《向拉斯维加斯学习》一书中对乡土建筑是这样描述的，先是很直率地表达了对鲁道夫斯基式的乡土建筑的敌意，并主张应该将目光聚焦于战后在美国诞生的commercial vernacular之上。在66号公路、拉斯维加斯或在莱维特镇所形成的充满了市井趣味的拼贴式建筑，在文丘里看来，虽然这些是媚俗（kitsch）的，但有且只有它们是根植于美国的乡土建筑。所以他进一步试图将这一commercial vernacular升华为波普式的建筑表现。这种将资本的形象再魔术化的方法论，在当代被库哈斯很好地继承下来，其可见于“垃圾空间”（Junkspace）和他的建筑作品（例如在Prada店铺设计中将石膏板用作为表面饰材）中。

sustainable（可持续的）vernacular

适应每一块土地的气候并作为“环境调整装置”的乡土建筑，到了现代，以“eco-tech（注12）”为开端由可持续建筑所继承和延续。近代建筑的思考方式，是先通过幕墙系统或空调系统形成封闭环境，再通过使用能源来确保均质的环境。这使得我们没有余地去直面和思考有关于地球资源有限性的问题。大规模建筑或超高层建筑之所以得以成立，是以利用机械设备进行调节为前提的。但如果能够使用适应每片土地上不同气候的被动式（passive）建筑手法，或是利用可再生能源的发电技术，就能够使机械设备的负担变小。东日本大震灾之后，这些手法不仅节约了能源，也在BCP（Business Continuity Plan）等非常时期对策中变得愈发重要。

此外，“当地调配”的概念，也转换为一些其他的概念而被继承延续到了现代，例如考量从生产阶段一直到废弃阶段的总CO_2排放量指标的“$LCCO_2$”，考量材料在运输中的能源消耗的“输送里程”（mileage）概念等。再者，作为对不断建设拆除（scrap-and-build）的反思，而在近年积极开展的既存建筑物的转换和更新（conversion/renovation），也可以说是“当地调配”的一种变形。

vernacular（在地的）街区营造

历经长久岁月形成的乡土建筑集合在一起就会形成独特的景观。《令人惊异的工匠》中所描绘的集落，无一不是十分独特的，和环境十分调和的。那么当现代的建筑家们各自从零开始进行创造时，这也是可能的吗？面对这一困难的问题，为了能够得到一些启发，我想从《令人惊异的工匠》和松村秀一的《名为“住宅”的思考方式㊀》中举出两个例子。

鲁道夫斯基说道：“费拉岛的住宅以不规则的方式排列着……1956 年发生的大地震，将这些建筑基本上都摧毁了……在地震后，又有其他类型的灾害如余震般袭击了这个岛……那就是……大批建筑家如潮水般的涌入……新型住宅中将原本地方的风土性进行了流线型式的处理，结果以不成功而收场。(注 13)”

此外，如松村所说的——“这一研究表明了莱维特镇绝对不是‘速成城市（instant town）’或‘新兴城市（boom town）’或‘低水平的整齐划一的环境’……无论是从住宅群的角度还是从世代构成的角度来看，这里都算不得是‘整齐划一式’的 community。(注 14)”

建筑家们在费拉岛复兴住宅上的失败，表明这片土地的特性决定了“cosmology”或“非均质性”规划的不适用。另一方面，被作为整齐划一式规划代名词的莱维特镇，在这里展开的“多样性”表明，住民自发地参加对建

㊀ 《名为“住宅”的思考方式》/《「住宅」という考え方》，松村秀一，东京大学出版会，1999 年。(译者注)

筑的营建以及对都市的营建的可能性。无名性、非作家性、community 的成果……重新对这些 vernacular 的特征进行再思考，对东日本大震灾的复兴计划、今后日本的城市规划、街区营造的可能方式等诸多方面都有重要的意义和价值。

当代的 vernacular

以上，虽如走马观花一般，本文在现代对“vernacular”的探讨进行了概览。回顾前文，如果仅仅是对近代建筑进行否定，那么乡土建筑就只止步于怀旧主义，也就无法获得现代的社会性和创造性。与“积木（=近代技术)”进行角力，并以工业化、商品化、环境问题和全球化等现代的重要问题为前提，在我看来，才是恰当地对“当代的 vernacular”进行思考的第一步。

注

（1）罗伯特·文丘里，《向拉斯维加斯学习》，石井和纮、伊藤公文译，鹿岛出版会，1978 年，201 页。

（2）媒体设计研究所，*SITE ZERO/ZERO SITE*，No. 3，《特集 = Vernacular Image 的人类学》，2010 年。

（3）同前书，鼎谈·冈田温司、前川修、门林岳史，《‘Vernacular’复数性的回路》。

（4）同前书，田中纯，《建设主体的无意识》。

（5）B. 鲁道夫斯基，《令人惊异的工匠——不知名建筑的博物志》，渡边武信译，鹿岛出版会，1981 年，288 页。

（6）B. 鲁道夫斯基，《令人惊异的工匠——不知名建筑的博物志》，12 页。

（7）将民众的日常实践当作“侵占”概念，参照米歇尔·德赛都的《日常生活实践》。

（8）三宅理一，*industrial vernacular*，《新建筑》，1983 年 5 月号。

（9）Gehry Technologies 公司，是于 2002 年成立，将盖里在设计中所使用的技术进行商业化运作的、提供软件技术的公司。

（10）FabLab 等近年有关于 Personal Fabrication 的内容参照以下特集。http：//10plus1. jp/monthly/2011/05/

（11）罗伯特·文丘里，《向拉斯维加斯学习》，202 ~ 203 页。

（12）在 20 世纪 90 年代，受到兴起的可持续设计（sustainble design）运动的影响，高技派建筑家们从提高技术的高度的阶段，转变为处理这些的条件的方向上来。这一潮流意图在实现 ecological design，所以被称为 eco-tech。

（13）B. 鲁道夫斯基，《令人惊异的工匠——不知名建筑的博物志》，261～266页。

（14）松村秀一，《名为“住宅”的思考方式——20世纪的住宅的系谱》，东京大学出版会，1999年。

自然与作为的设计论

难波和彦

于1964年在纽约近代美术馆（MoMA）举办的，由伯纳德·鲁道夫斯基策展的“没有建筑家的建筑”（Architecture Without Architects）展览，给了当时的建筑家们以非常大的冲击。作为这一展览的catalog而出版的同名册子，在日本被翻译出版后（1975年）也引起了很大的话题。所谓“没有建筑家的建筑”，是由不知名的人们所建造的或者说是自然而然发生的vernacular（风土的、土著的）建筑。《令人惊异的工匠——不知名建筑的博物志》，可以说是以照片的形式、以介绍为主的一本关于“没有建筑家的建筑”的详细解说书。在该书中，既是建筑家又是随笔作家的伯纳德·鲁道夫斯基，基于其在全世界各地的生活经历，对乡土建筑进行了收集，并附以详细的解说。我们从“乡土性、匿名性、无意识”三个视角聚焦到现代建筑的命题上，以逐步深入和解读该书。

后现代主义的先驱

20 世纪 60 年代的建筑家们从《没有建筑家的建筑》中得到了怎样的讯息呢？20 世纪 60 年代是现代主义建筑在全球进行渗透的时代。就像一些日本建筑史学家所指出的，20 世纪 20 年代从欧洲发源的现代主义建筑在渡往美国之后失去了其思想，在渡往苏联之后失去了其表现。现代主义建筑的背景中有着社会主义思想，但其后在苏联的发展中只保留下了思想，建筑表现上则转向了形式主义。另一方面，经由美国的现代主义建筑，被拔除了思想的内核而成为只留有风格（style）的建筑。给这一方向赋名的是由阿尔弗莱德·巴尔（Alfred H. Barr Jr.）和菲利普·约翰逊（Philip Johnson）曾担策展人，于 1932 年在 MoMA 举办的展览“国际式风格（The International Style）——1922 年之后的建筑”。通过这一展览，现代主义建筑作为国际通用的风格被确立下来，并和在二战后成为西方政治经济中心的美国资本主义一起扩散开来。

到了 20 世纪 60 年代，对已经风格化、教条化了的现代主义建筑的疑问，以各种形式被提了出来。“没有建筑家的建筑”也是这一潮流中的一支，同是在 MoMA 举办展览这一点也可以说是历史的讽刺了。许多建筑家将这一展览看作是对现代主义建筑的相对化和补全。一些人把它看作是相对于现代主义建筑国际性的、从地域性角度的重新审视，另一些人把它看作是相对于现代主义中的精英、先锋主义（avant-gardism）的、民众的原始主义（primitism）的复权，也有人把它理解为相对于排除了装饰的现代主义建筑的、装饰的复权。所有这些的共通之处，在于它们都是对现代主义所意图达到的不间断的变化与进步所进行的批判与反省。后现代主义，可以说就是从对现代主义的批判和反省中诞生出的思想潮流。“没有建筑家的建筑”中的“建筑家”指的就是现代主义的建筑家们，从这个意义上来讲，鲁道夫斯基也许可以算是后现代主义的先驱者了。

不变的和转向他者的视角

20世纪60年代，在建筑领域之外也发生着与“没有建筑家的建筑”相联动的思想潮流。代表思想有以克洛德·列维-施特劳斯为中心的结构主义。克洛德·列维-施特劳斯在《野生的思考》（大桥保夫译，みすず书房，1976年）一书中对当时正是思想界主流的让-保罗·萨特的存在主义思想进行了批判，对作为其背景的西欧中心主义的进步史观进行了批判。与存在主义形成了对峙，列维-施特劳斯提倡的是对人类共通的文化或思考之“构造”进行探究的结构主义人类学。总而言之，列维-施特劳斯想要探究的，不是西欧所自认为的历史的前沿，而是潜伏在历史深层的“不变的 = 结构”。对“不变的”的关注，和“没有建筑家的建筑”的视点正好重叠在一起。在该书的开头，鲁道夫斯基是这样论述的，“乡土建筑和流行变化之间是没有关系的。它完全是为了能够达到目的，所以基本上是不变的，也根本没有什么改善的余地。”

对“不变的”的关注，也是对匿名性的关注。列维-施特劳斯对萨特的历史哲学的中心概念——主体性（署名性）的思想进行了批判，并提出了与之相对的——匿名的“他者”概念。“结构”并不是由特定的主体所产生的，而是通过人们与生俱来的能力在经过了漫长的时间后生成的，特定的主体无法将其改变。这一点和鲁道夫斯基所倡导的“没有建筑家的家”之间明显形成了共鸣。

尽管鲁道夫斯基在《令人惊异的工匠》中尝试着将全世界的乡土建筑进行分类并探索其中共通的属性，是具有博物学的视点，但还是不如更往前踏出了重要一步的列维-施特劳斯所具有的，试图对“不变的”深层结构进行探究的科学视角。对于乡土建筑，和列维-施特劳斯采取了同样的研究方法的是克里斯托弗·亚历山大。在 20 世纪 60 年代前半叶，亚历山大在他的博士论文《形式综合论》中，运用数学的手法，探索了一种彻底贯彻现代功能主义思想的设计方法。而在 20 世纪 60 年代的后半叶，他转向了将建筑空间的特性通过日常语言和简单图示（diagram）来进行记述和设计的“模式语言”（pattern language）的方法。为了这一目标，亚历山大将全世界的“没有建筑家的建筑”进行收集分析，并从中抽取出各式各样的空间模式（pattern）。可以说，就像列维-施特劳斯通过对多种多样的神话进行分析，并试图从中探寻出人类共通的文化和思想的结构那样，亚历山大也试图从全世界“没有建筑家的建筑”中抽取出人类共通的空间模式。不是从量的数学的角度，而是从关系的数学的角度来研究对象的结构，在这一点上两者也是共通的。亚历山大之所以把设立于美国西海岸伯克利大学的研究、设计组织取名为“环境结构中心”，很明显是已经注意到了结构主义思想。

类似的思潮和研究在日本也出现了许多。20 世纪 60 年代日本对地方上的聚落调查进行得如火如荼，想必也是因为受到了鲁道夫斯基的影响。早稻田大学的吉阪隆正研究室进行了文化人类学角度的聚落调查研究，而令人印象最深刻的是东京大学生产技术研究所的原广司研究室所开展的全世界范围的聚落调查。原广司研究室所追求的是以数学的方法来对聚落的空间构成进行研究，这和列维-施特劳斯以及亚历山大的方法很明显都是在共通视角下的产物。当时的 *SD* 杂志收录了这一系列的调查记录，被年轻建筑家们广为阅览，从而传授了关于乡土集落的新观念。

在那之后，原广司研究室也精力充沛地对日本的聚落进行了调查，将其和从世界聚落调查中的所学所得一并收录在了《聚落之旅》㊀（岩波新书，1987 年）和《聚落的 100 个教诲》㊁（彰国社，1998 年）中。

波普文化和投向城市的视角

“没有建筑家的建筑”并不只是关注过去的或地域的乡土建筑，也关注了当代的大众建筑。这一潮流是来自对现代主义的两个反省：其一，是对基于现代主义思想在美国国内为低收入者提供的大量集合住宅，有很多荒废化或贫民窟化的反省。其二，是对现代主义在风格化（style）之后，由当初的大众建筑转变为了精英建筑的反省。而且这一潮流也是对于现代主义的一种反省，是对现代主义建筑在表现上风格化和纯粹化、对装饰进行排除的一种反省。引领和先导这一动向的，是后现代主义的先驱者之一罗伯特·文丘里，他在《建筑的复杂性与矛盾性》（1966 年）一书中明确了作为建筑本流的欧洲古典建筑中是充满了“复杂性与矛盾性”的，并且指出过度的纯粹化和风格化使得建筑丧失了原有的力量而如同贫血般苍白无味，对

㊀ 《聚落之旅》/《集落への旅》，岩波新书，1987 年。（译者注）
㊁ 《聚落的 100 个教诲/集落の教え100》，彰国社，1998 年。（译者注）

现代主义建筑进行了批判。这可以从他对现代主义巨匠密斯·凡·德·罗所宣扬的“Less is more”进行批判并给出了相对峙的“Less is bore”警句之中可见一斑。文丘里更进一步地，在《向拉斯维加斯学习》（1972 年）之中将拉斯维加斯和罗马进行了比较，并主张小汽车和巨大广告牌中所蕴含的拉斯维加斯的符号性都市空间，不仅具有现代性，而且足以匹敌曾经的古代罗马。现在返回头去看难免觉得这一论述略有牵强，但他是最早察觉到了美国社会从高雅文化（high culture）到波普文化（pop culture）的转移，先驱视角可谓实至名归。对建筑的符号性给予注目，将形态的自律性进行揭示，从而对“形式追随功能”这一现代主义的功能主义观点进行反驳，这些都是文丘里的功绩。这两本著作共通地都展现出了文丘里的这一反语式的反讽性的思考，对全世界的年轻建筑家产生了很大的影响，到 20 世纪 60 年代末作为后现代主义运动当中的一个潮流已经初具规模。后现代主义不仅仅对历史建筑的样式或装饰进行了再评价，还孵化出了对现代的大众文化 = 波普文化的关注。它不仅是一个要像波普艺术那样对众多一般建筑进行设计的运动，而且也是试图从都市中存在和弥漫着的匿名性建筑中探寻出新设计语言的运动。文丘里的夫人丹尼斯·斯卡特·布朗，是一位社会学家，也是《向拉斯维加斯学习》的共著者之一，她的社会学视角对文丘里的建筑观的影响很大。这一点在文丘里对随处可见的城市街道景观的评述、他的另一条警句“Main street is almost alright”中很明显地体现出来。这之中包含了他对随处可见的街道景观的深深爱意。

后现代主义的潮流对20世纪70年代的日本建筑界也产生了很大影响。然而在当时的日本建筑界，由于60年代的新陈代谢派（Metabolism）和70年代的大阪万博会的反作用而急速地丧失了对都市的兴趣，只吸纳了注重历史样式或装饰的后现代主义的符号性的表层倾向，而面对乡土的、波普的城市街道景观时，却舍弃了社会学的视角。

自然和作为

在“没有建筑家的建筑”中存在着探寻溯源建筑的“起源”（origin）的意图。建筑从人类产生时便一直存在，对起源的追溯，同时也就是对“原型”（archetype）的追溯。进一步来说，无论是对起源还是原型的溯行，这一行为和动机的底层其实隐含着一种期待，即不是由人类的“作为”（intention）而产生的“创作”，而是由“自然”（nature）而生发的“生成”，希望可以对这一点进行确认的期待。也就是说在“没有建筑家的建筑”中隐藏着这样的一层含义，即便是有由人类制造而成的东西，那也不是依照建筑家所设计的具有意图性的行为所产生的，而是在被给予的风土的条件下自然发生而生成的建筑。这一点，和日本古代的本居宣长[一]所提出的由“汉意[二]”而生的“作为”和与之相对应的由“和意[三]”而生的“自然[四]”是类似的。宣长以“自然和作为”来做对比，称颂了没有“作为”的日本文化中的自然性。

然而在“自然和作为”这一对比之中，隐含着不可避免的陷阱。这源于“自然和作为”这一对比本身就是由“作为”而捏造产生的概念。“没有建筑家的建筑”亦是如此，也隐含着同样的矛盾。《没有建筑家的建筑》一书仅仅由照片和一些简单的评语构成，《令人惊异的工匠》中也只是将博物学式的说明淡淡地铺陈开来，我想这也许是

㊀ 本居宣长（1730—1801），日本江户时期的思想家、语言学家。是日本复古国学的集大成者，力求在儒家和佛家的影响之外探求“古道”，提倡日本民族固有的情感“物哀”，为日本国学的发展和神道的复兴确立了思想基础。其与荷田春满、贺茂真渊、平田笃胤一起被称为江户时期国学四大名家。（译者注）

㊁ 汉意、汉心、唐心，からごころ，是由本居宣长所提出的一个理念。其直接的含义为：中国的文化、文明、精神和思想等，也可泛指所有外来文化，也指代日本想要对外来文化进行吸纳汲取的心。（译者注）

㊂ 倭·大和，やまと，日本的古称。和意、和心“やまとごころ”是和汉意、汉心“からごころ”相对应的概念，所以此处参照“汉意”将其译为“和意”。（译者注）

㊃ 自然，じねん，这一读法的日语“自然”是指和人工相对立的野生的、天然的，道法自然的自然，远离人为、依照法的本性如是。（译者注）

因为鲁道夫斯基想要尽量避开对自然形成的建筑进行“作为”式的说明。然而列维-施特劳斯和亚历山大则很明显地已经跨越了这道障碍。可以这么说，他们尝试了对自然的结构进行作为式的辨析。列维-施特劳斯之所以受到了“没有先验主体的康德主义”㊀的批判，是因为即便人类的思考中潜藏有“结构”，但在列维-施特劳斯的理论中那也只是适用于外界的，而不存在于主体中的。雅各·德里达甚至说，列维-施特劳斯才是那“结构”的适用者。另一方面，关于试图揭示自然形成的城市或聚落中隐含着的“结构”的亚历山大，柄谷行人是这样说的：

“亚历山大，和单纯地想要创造更适宜人类居住生活的城市空间、反对城市规划（planning）的那些人，在一个点上有着决定性的不同，那就是，他是将自然城市作为‘由自然所创造的城市’来看待的，这和赞美与人工相对的自然是完全不同的。本来，城市就并非是自然。尽管对规划师们建筑式的规划持批判态度，但亚历山大还是将城

㊀ 法国哲学家保罗·利科（Paul Ricoeur）对克洛德·列维-施特劳斯的评论——“没有先验主体的康德主义”。这来源于克洛德·列维-施特劳斯在他对神话学实验中采取的自我定位“按照康德主义行事，尽管采取导致不同结论的不同路线”。康德主义首先表征着先验意义上的普遍性，而“采取不同路线”意味着以另一种方式接近普遍（许天问．克洛德·列维-施特劳斯：他的“认同”与主体的终结——兼论法律人类学的符号学之路［J］．民间法，2015（02）：110-120.）。（译者注）

市作为彻底的‘建筑的’来认识的。如果说柏拉图的‘哲学家 = 王’是其作为隐喻的建筑家（城市设计者）所引以为据的基础，并且在 20 世纪的现代主义者身上十分典型地表现了出来的话，那么亚历山大的批判就证明了它的不可能性。然而，他的方法却贯彻了柏拉图对于建筑的意志。这表现在，他没有诉诸‘人工的外部 = 自然’的幻想，而是身处于‘人工物’之中并将‘外部’消极化展现……这里亚历山大所形成的，是半网络（semi-lattice）状的、集合的次序式结构。”（《定本柄谷行人集 2 作为隐喻的建筑》岩波书店，2004 年，62 ~ 63 页）

亚历山大大概是没有承认这条评论吧。不论亚历山大自己是如何考虑的，对环境中潜藏的“结构”进行探寻的“模式语言”（pattern language），总的来看，正像柄谷所说的，是通过对“自然”进行“作为”从而重新创造和得到提升。在我看来，亚历山大对于这一矛盾应该是有自觉的。应用模式语言对盈进东野高校校园进行设计的时候，他对参与设计的成员们反复地提到要忘掉模式语言。这使得对模式语言理念产生共鸣而加入设计团队的建筑家们，听到这样的话后一致地感到困惑。而这正是因为他们对于模式语言方法背后所隐藏着的“自然和作为”之悖论还没有理解到位的缘故。

“模式语言”是对环境进行论述，以营造环境为目的的 pattern（造型语言）的“词典”，《建筑的永恒之道》是依循模式语言理念为了形成环境而写的“文法”。在书写文章时，一个一个地去引证词典，时时刻刻想着文法是没有办法自然地成文的。只有把词典和文法都融入身体内，从视野中抹去的时候，才有可能书写出绚烂的文章。同理，一个一个地去查找“模式语言”，不断地去参照《建筑的永恒之道》，也是无法创造出轻松宜人的环境的。那么到底如何是好呢？需要不断地持续使用模式语言，从惯性中习惯适应模式语言，将它刻入身体，除此之外别无他法。除了反复地“作为”，穿透这一障碍以外是没有办法自然地到达（理想状态）的。想要将“作为”和“自然”进行联结，只有靠作为的反复。这需要时间，让意识得以沉浸到无意识之中，得以身体化。

从这一角度来看，“没有建筑家的建筑”，与其说是自然生发的建筑，不如说是由那些没有记录姓名的、优秀的创造者所设计的建筑，通过人们的共有以及经过了漫长的时间，最终被洗练而成的建筑。与其称呼它们为无名（a-nonymous）的建筑，倒不如说是匿名（incognito）的建筑更为准确。类似于这样的思考，在现代不仅存在于“没有建筑家的建筑”中，也可见于由新科技所带来的 industrial vernacular 的可能性之中。

2.3 读：詹姆斯·吉布森《生态学的视觉论》

知觉的多样性与对立性

冈崎启佑+光岛裕介

开篇

“印象是在无意识中形成的。”

我们每天的活动之所以得以成立，都是经由身体的感觉器官从周围环境中获得刺激，并将这种刺激作为信息（意义）进行整理。然而又有多少人能够有意识地理解了，这种将从外部环境中接收到的刺激置换为某种特定含义的过程了呢？我们在看到地面时将它作为“地面”来认识，看到椅子时作为“椅子”来认识，在这一系列的过程中，对物进行认识的过程被自动化，只剩下与此认识相对应的行为是被执行的。也就是说，我们能够掌握的只有行为这个结果，对于物的认识过程其实基本上是无意识的。

这一回所读的书《生态学的视觉论》，是心理学者詹姆斯·吉布森（J. J. Gibson）在1979年所发表的著作，该书提出了关于知觉与认识过程的理论“Affordance理论㊀”。吉布森认为，所谓生物知觉的过程，并不是将获得的信息在大脑内变换为特定含义的过程（这被他称为间接知觉），而是将既已全部隐含在环境之中的含义进行直接获得的过程，即形成知觉的过程（这被他称为直接知觉）。

本文的最终目的，即通过回溯詹姆斯·吉布森提出的知觉过程，学习人类是如何从环境中接受信息的，并试图将其延伸到建筑的分析与设计手法上。

知觉理论的主观性与客观性

首先，我们从概览“人是如何对物进行认识的，或者说对物进行知觉的”这一问题的认识历程开始。

人的认识，从古时候开始便是哲学领域中一个主要的命题。有将认识的起源归结为人类之理性的合理主义；也有将认识的起源归结为人类之经验的经验主义；以及认为人类对外界进行认识的基础是建立在人的先验框架之上的康德的认识论等。康德在《纯粹理性批判》中谈到，我们

㊀ 知觉心理学、设计心理学中的“affordance”这一概念，在我国多被翻译为“示能”或“可供性”，而且不论是在英语环境中还是在中文环境中的“affordance”一词都被衍生出了多种含义，甚至可以说被滥用。由于该书中日语使用的是这一英语词汇的音译“アフォーダンス”，所以在本译文中直接译为“affordance”。（译者注）

在对物进行认识的时候，都是基于每个人内部所持有的各自不同的“框架”来看这个物的，若是拿掉“框架”而只剩下“物自体”，那么我们是无法形成认识的。换而言之，对于那些超出了认识框架之外的领域，认识能力是没有办法充分发挥出其作用的，从这个意义上来说，康德的认识论可以说是更偏重于主观的知觉理论。

知觉的主观性、环世界论

20 世纪前半叶的生物学者雅各布·冯·约克斯库尔（1864—1944）从生物学的领域出发，提出了和康德同样更偏重于主观的知觉理论。在其著作《生物眼中的世界》[1]中，约克斯库尔论证了不同种的生物有其各自特有的知觉过程。

约克斯库尔认为，所有生物都有与生俱来的自己专用的“知觉标签”。能够被生物知觉的刺激只是那些和其自身的知觉标签相吻合的，除此之外的刺激是不能被知觉感知到的。例如海胆的知觉标签就只有数个不同层级的压强刺激和化学刺激的组合，所以对外界的漂浮物或生物的外形相关的刺激并不能形成知觉。生物的知觉受到基于自身

---

[1] 《生物眼中的世界》/《生物から見た世界》/*Streifzüge durch die Umwelten von Tieren und Menschen*，雅各布·冯·约克斯库尔，Jakob Johann Baron von Uexküll，1934 年。（译者注）

生得的知觉标签可得到信息所限制，由这些被限制的信息群所构成的世界被约克斯库尔称为“环世界㊀”。而那些缺少了知觉标签介入的客观的世界（用康德的话来说，就是“物自体㊁”的世界），在其看来是没有被生物所认识的存在。

我们所见的世界如果是基于个人的知觉标签而形成的环世界的话，那么是不是也有这种可能，自己所见的世界和他人所见的世界是不同的。当自己所认识的世界和他人所认识的世界过于不同时，因为其一眼看上去呈现出不可思议的样貌，所以这种情况被约克斯库尔称为“魔术的世界”。约克斯库尔的环世界论是一种主观的知觉理论，并对知觉过程进行了清晰易懂的说明，而另一方面，也正是因为这种主观性，在这一理论框架中如何解释和他者之间的认识的共有就比较困难了。

知觉的客观性、Affordance 理论

而詹姆斯·吉布森所提倡的“Affordance 理论”，是和康德以及约克斯库尔的思考方式相反的知觉理论。吉布森的着眼之处是运动中的视知觉，和一般的以静止状态为前

㊀ 环世界，環世界，Umwelt，environment surroundings。（译者注）

㊁ 物自体，物自体，Ding an sich，thing-in-itself。（译者注）

提进行思考的视知觉理论不同，现实中的视知觉普遍都是在运动状态下发生的。伴随着观察者的动作，视点会发生变动，从物体处发散或反射的光也会随之变化。若是如此，那么观察者又是如何能够将它作为同一个物体来知觉的呢？吉布森给出的思考是这样的，人类生活在无数的光中（“包围光”），人类的视知觉并不是由一个方向的光，而是由无数光源的光束所引发的[㊀]。人类从无数的光束之中对具有某些特定性质的光束进行抽出，并据此可以对物体进行识别。

这样的过程，只有当光自体具有某些特定性质时，将某些信息内在化了的情况下才有可能得以成立。如果不存在这样的信息，那么其他光束和特定光束之间也就无法进行区别。再进一步来讲，光的信息，只可能反映对它进行了反射的物的信息。也就是说，我们在大脑进行思考以前，就已经通过光的媒介接受了外部环境的信息，同时解读出了其中的某些特定的含义。

比如说有一个场所的地面存在着高差，可以预想到的

㊀ 这里说的意思是，我们是生活在漫反射的光环境之中的，物体由于其材质（两种物质的分界面）和颜色等的不同，在光束（太阳光、灯光、别的物体反射过来的光）照射过来之后，会进行不同的反射、折射、投射等（包括反射角的不同、反射的光波长的不同等），进而被眼睛识别。（译者注）

是，观察者所接收的信息会随着高差高度的不同而有所不同。高差为200毫米的情况下是作为“障碍物”，400毫米的情况下作为“可以坐的东西”，700毫米的情况下作为“像桌子的东西”，更高的情况也许就会被作为“墙”来认识了。虽然也会受到表面素材肌理的影响，但观察者基本上都会下意识地从共通的物理条件中提取出共通的内容作为信息。也就是说观察者所知觉的，并非如约克斯库尔所说的是基于自己知觉标签的刺激，而是内化在了环境中的，可以在非特定多数人之间进行共有的信息。

文丘里与文脉论

吉布森还在艺术作品制作的问题上，从Affordance理论之侧面进行了自己独特的分析。

“在这里需要指出的是，绘画制作者们通过将信息人为地以特殊的形式进行表示，跨越了几个世纪对我们提出了考验。他们对信息，或进行丰富或进行删减，或遮蔽、隐藏或明晰、揭示，或暧昧混淆或坚守一意。即便在同一个展示作品中，作者有意制造出或多义的或矛盾的信息分歧的情况也经常出现。”（古崎敬等译，サイエンス社，1985年，259页）

艺术家们，试图在我们无意识的知觉着的环境中，通过添加某些信息操作而制造出新的意义。而我们则通过获得环境中的这些新的知觉来深受其感动并铭记这一艺术。

在建筑中这样的操作也是存在的。在罗伯特·文丘里所著的《建筑的复杂性与矛盾性》中，导入了与向往纯粹性和均质性的现代主义相对的“混成品”以及“暧昧性”等价值观，这对其后的后现代主义建筑起到了引领作用。文丘里在书中涉及了建筑中的意义与文脉（context）的重要性，在这一点上与本文论述主题是具有连续性的。

“如果根据格式塔心理学，文脉（context）赋予了部分以意义，文脉上的变化就构成了意义上变化的原因。那么只要遵从这一点，建筑家就可以通过对局部进行组织，来对作为产生意义的母体的文脉进行创造。通过偏离已经熟稔的惯习并重新排列组合，产生出新的意义也是有可能的。对惯习进行非惯习式的应用，对已经见惯的东西以非常见的方法进行编排，都可以给文脉带来变化。甚至，为了获得新的效果，也可以将那些古早时候的做法重新用起来。这是因为在不熟悉的文脉之上的不熟悉的东西，感觉上会既是古的又是新的。”

文丘里所提出的关于文脉与意义的相关关系的见解中，指出了意义是依存在文脉（环境）之上的，这提示出了建筑论与 Affordance 理论之间存在的共通性。正如文丘里所主张的，对作为建筑价值的要素之一的复杂性与矛盾性进行考虑，即同时也是对知觉的复杂性与矛盾性进行的考虑。有价值的建筑，可以唤起多层次的知觉和知觉的组合。因为其空间和要素可以使得丰富多样的知觉接受方式与知觉作用方式同时成为可能。

新知觉的发现之假说

如前文所述，通过将文脉进行一些巧妙的改变，就可以产生出对环境的新的知觉，还可以对内在化于环境中的含义进行丰富。而且文脉的改变是可以通过对惯习（无意识的事象）与非惯习（有意识的事象）两者之间的模式进行改变来达成的。

将惯习与非惯习之间的关系应用在建筑构造层面的案例，可以看赫尔佐格和德梅隆设计的多米纳斯酒庄（Dominus Winery）。这一建筑物的外墙所使用的石材，实际上是瑞士在高速公路两侧的斜面护坡上起到固定作用的钢丝网石笼（gabion，在钢丝笼中放入碎石）。对于钢丝网石笼，我们惯习式地将它作为意味着“地面”的材料来知觉的。但在这里把它作为外墙来使用，于是就可以发现那些从碎石的间隙处透漏出的光和岩石的质感、大小、肌理等新的信息与含义，通过这种方式唤醒了新的知觉。

还有将惯习和非惯习之间的关联性应用在色彩和质感层面的案例，可参见 Sauerbruch Hutton 建筑事务所设计的柏林政府区的警察局兼消防站（Police and Fire Department，2004 年）。这是一栋对 19 世纪的砖结构既存建筑物进行了部分增建的复合建筑物。在外墙上所使用的是隔一段距离就设置了开闭控制器的单彩玻璃（single color glass）幕墙。玻璃由绿色系的不同颜色和红色系的不同颜色所构成，这一特殊配色是有着共通的、可以解读的文脉的。绿色系和红色系代表着警察（绿）和消防（红）的徽章颜色，以及在对场地考察时以实操角度从周边的树木（绿）和既有建筑物（红）之中提取的颜色。彩色玻璃同周边的红砖和树木的颜色同色系协调，并伴随着具有对照式的质感，这可以给观者以两种同时存在的感觉，同环境相调和的印象和从环境中脱颖而出的印象并存。这正是由并不存在于红砖和树木上的，而是由玻璃所产生的光反射效果以及透射效果所引发的新知觉所导致的。

在现象层面应用的案例，虽然不是建筑物但可参见奥拉维尔·埃利亚松（Olafur Eliasson）的一系列装置艺术作品。尤其是 2003 年在泰特现代美术馆展出的《气象计划》，可以说是其中最具代表性的作品。在泰特现代美术馆巨大的轮机房大厅（turbine hall）的顶棚上贴满了镜子，通高的吹拔空间充满了雾霭，在和顶棚垂直相接的墙面上安装了巨大的半圆形发光体，就这样，埃利亚松再现了一个人工的太阳。那其中洋溢着的空气感本是只应存在于室外的，但却出现在了室内，这个作品唤起了类似于套匣（外——内——外）一样的不可思议的感觉。通过设立一个和我们惯习所见到的夕阳似是而非的装置作品来刺激产生出了新的知觉。

最后，虽然超出了视觉知觉范畴，还想在这里稍微提及一下于建筑设计中存在的可能性。在我们的身体里一定也存在面向那些不能被数值化（言语化）的内容的内在知觉标签。对宿着于建筑中的时间的历史（他者性）进行感受的能力，可以说就是其中的一种。哪怕只是一根柱子，刚刚新建好的和百年前民居中的相比，传达出来的“物语”的丰富性都有着很大的不同。在设计中应当被作为一项重要因素纳入考量的，不仅仅是那些把不可视的内容可视化的那种实际的信息[㊀]，也应该将像是“感觉到气氛”的这种或许是想象的产物的这种不可计测的信息也一并纳入。即便是类似于第六感的内容逐渐将各自“环世界”的范围进行了扩展，但共有的可能性仍旧很低。我不禁想到，只有在极为个人化的个别的物语中才有可能隐含有闪光点，可以给建筑设计以新的、丰富性的提示。

㊀ 在日本建筑设计语境下这里是指，将空气的温度湿度、室内外空气的流动、红外线辐射、钢结构中的应力等，原本不可视的内容经过测度而得到可视化的信息（参考：内藤广．结构设计讲义［M］．张光玮，崔轩，译．北京：清华大学出版社，2018.）。（译者注）

以生态学式建筑论为目标

难波和彦

对于建筑家来说，建筑是表现的手段同时也是目的。建筑家通过自己设计的建筑向人们传达信息，试图以建筑来给人们的行动带来影响。以及最终地，期待着人们对他的建筑进行称颂。换而言之，对建筑家来说最为重要的，便是自己所设计的建筑将如何作用于社会以及社会将如何来接受它。

不仅限于建筑设计师，不论是设计什么的专家，在他们看来，“主体”是建筑或是物品，人和社会则都是建筑或物品所作用的“对象”。“主体 = 建筑”→“对象 = 社会”的这种认识方式，可以说是建筑家或设计师所特有的思考的基本结构。

最近，关于都市问题，社会学者和建筑家之间进行对话的机会似乎变得多了起来，但总体看来，讨论最终还是以各说各话结尾的多。最主要的原因，就在于社会学者和建筑家的思考完全相反，社会学者最起码是将社会作为主体，建筑则一定是被作为社会所作用的对象来思考的。只要把固有思维放下来重新想一想就能明白，社会学者认识问题的方式，不用说那才是最普遍的。而关于这一点，建筑家肯定也都十分了解。尽管如此，在建筑家的下意识的最底层，“主体 = 建筑”→“对象 = 社会”的这一结构仍是根深蒂固的。

“刺激→反应”图式

我在大学里从事建筑设计教育和研究的经历中明白了一件事。那就是，“主体 = 建筑”→“对象 = 社会”的这一图式，同样也是建筑教育中所隐含的前提。举例来说，卓越的建筑给予人们以感动，是因为在建筑中存在着可以使人感动的特性，并以此特性作用于人，这样的想法特别普遍常见，而这就是所谓的“建筑的特性”→“人们的感动”图式。若遵从了这一图式，那么就会得出如下结论，所谓建筑设计就是将可以感动人的特性赋予给建筑，所谓建筑研究就是要搞明白什么才是这样的建筑的特性。虽然不会公开表明，但可以认为这一图式就潜藏在建筑教育之根底。

在心理学中，把这样的思考方式称为“刺激→反应”图式。若将其进一步一般化，也可以扩展到物理学中的“原因→结果”图式。日本的大学中的建筑学科设置在工学部，所以这一图式可谓是极为贴切得当的。为什么这么说呢？只要遵从这一图式，不论是建筑的设计教育或研究，就都可以适用于工学的方法了。比如研究建筑空间内部人类行动的建筑计画学科，或与人们对建筑产生的感情相关的环境心理学，甚至在只要满足了给定的功能和流程就好像做了设计的建筑设计课程中，都在默许适用着这一图式。工学研究论文之中一个重要的评价基准就是客观性，“刺激 = 原因”→“反应 = 结果”的图式，不仅可以对论文进行总结提炼，更是最为恰当的逻辑形式了。

哥白尼式回转

在东京大学，本科学生在大学二年级之前都是在驹场校区的教养学部学习的，专业课程是二年级的后半期才开始学习。我在年轻时也曾对是否要选择建筑学专业感到过困惑，原因就在于当时我也人云亦云地认为建筑的作用方式是符合“刺激→反应”图式的，而在教养学部中学到的康德的《纯粹理性批判》，令我对这样的通论产生了根本的疑问。从康德的认识论出发来看，关于建筑的“刺激→反应”图式即被完全颠覆了。

在康德看来，甚至连建筑之所以得以成立的“空间”和“时间”都不是在外界中实际存在的客观的事象，而是由人类生得的，即从生下来就带来的“认识的图式”（康德称其为“category = 范畴”）和外界相映照之后而产生的人类独有的事象。因此，其他的生物具有着和人类不相同的时间和空间。举例来说，在《纯粹理性批判》之后大约一百五十年出版的《生物眼中的世界》的作者约克斯库尔是这样主张的。

“时间将一切的事件都纳入自身框架内，相对于事件的内容会产生各种变化，时间，看上去才是客观的以及固定的。但是现在我们已经看出，是由主体支配着其环世界的时间的。之前我们一直在说，如果没有时间，那么有生命的主体是不存在的，那么现在我们是不是得改变说法，如果没有有生命的主体，那么时间才是不存在的。在下一章我们会明白，对于空间也是可以这样说的。如果缺少有生命的主体，那么无论时间还是空间都是不存在的。这样看来生物学和康德的学说之间存在着具有决定性的关系。生物学，通过强调环世界说中的主体的决定性作用，就可以将康德学说在自然科学中进行活用。”（雅各布·冯·约克斯库尔、克里萨特（Georg Kriszat）《生物眼中的世界》日高敏龙、羽田节子译，岩波文库，2005 年）

从康德和约克斯库尔的主张进行延伸，就可以发现秉持着不同认识图式的人有着不同的认识内容。也就是说，如果不具备看的眼睛（认识的图式）那么本来应该看到的也看不到了。从这个意义上来说，“刺激→反应”图式无非是众多特殊认识图式中的一个罢了。康德在《纯粹理性批判》中也讲到过，“因果关系”是认识图式中的其中一种。当一种图式越是贴合时，外界就越无法把它看作是别样的东西。这让人联想到勒·柯布西耶在《走向新建筑》中指出的“视而不见的眼”。19 世纪的建筑家们之所以没有能够利用近代技术的发展并作为拓展建筑可能性的契机，是因为没有能够将技术看作是可以左右建筑表现的要素，没有具备这样的眼光，说到底就是因为没有具备这样的认识图式。

我在阅读了《纯粹理性批判》以后，就完全陷入了康德所提出的从“刺激→反应”到“图式→认识”的转换，即“从被动的到能动的认识”的这种哥白尼式回转（一百八十度的转变）的魅力之中。从那之后，康德著名的箴言“没有内容的思考是空虚的，没有概念的直觉是盲目的”，就成为我学习建筑时的座右铭。其后又了解到了不少这样康德式的思考，像是儿童心理学中关于认知的成长和学习的过程，在突然变异和淘汰的作用下达成的生物的进化过程，弗洛伊德的精神分析理论，克洛德·列维-施特劳斯的结构主义人类学中关于思考的结构，格雷戈里·贝特森的生态学层面的认识论、脑科学和认知科学等，通过对这些真知灼见的学习，我修正了自己之前的想法并收敛形成了以下这样的思考，即“所谓认识，就是环境在物理层面的样相和人类脑内的模式两者相互作用下而产生的精神生态学层面的现象。”并且在这之后，我遇到了这本书——吉布森的《生态学的视觉论》。

生态学的“不变项”

若是依照吉布森提出的 Affordance 理论，所谓知觉就是生物通过感觉器官和环境之间产生相互作用，并从其中将“不变项”进行抽出的行为。知觉产生于和环境的相互作用下，其中内含了“生态学的”意义。所谓“生态学的”，并不是简单地指要关注于自然，而是指要从更为广阔的视野，将“环境的知觉”作为“相互作用的系统（关系）”来认识的意思。因此，生物所知觉的，并不是环境的客观层面的性质，而是环境中那部分对于生物来说具有“价值”或“含义”的属性。这些“不变项”即是所谓的 affordance。吉布森的这一思考方式很明显地和克里斯托弗·亚历山大的“模式语言”理论有共通之处。没准亚历山大也参照过 Affordance 理论也未可知。

吉布森曾说过，格式塔心理学中的“格式塔”（gestalt）也是知觉的“不变项”的其中一种。所谓格式塔，是指作为一种完形，定常地被知觉着的形态。格式塔是人类在进化过程中和环境的长期相互作用下作为具有“价值”和“含义”的“不变项”而抽出的一种 affordance。

知觉对“不变项” = affordance 进行识别，但没有必要对每一个相互作用的过程一一进行自觉和确认。相互作用的过程是下意识的作用，被自动化地、黑箱化地处理了。其结果就是 affordance 被作为像是存在于环境中的、外在的性质那样而被知觉。这样一来，就成了外在的 affordance 对行动进行诱发，也就是“刺激→反应”图式又变换了一个形态再次出现了。实际上 affordance 作为从环境中抽出的“不变项”，本来就应该作为生态学的相互作用，即“刺激↔反应”图式来认识的。但由于 affordance 的能动性是很难被自觉到的，所以才导致看起来像是“刺激→图式”的样子。

在建筑和设计的世界中，Affordance 理论较容易被接受的要因却也恰恰在于这一点。就像本文最初所陈述的，是建筑或物品来诱发了人类的行动——这种理解方式被认为是成立的。吉布森的名言“世界中埋藏着所有的知觉信息”，将其中的生态学的视角拔除掉，而只照字面意思理解的话，看起来像是“刺激→反应”图式是成立的似的。

将这一想法进行了延伸并作为设计论进行了展开的是唐纳德·诺曼（Donald Arthur Norman）的《为了谁的设计？——认知科学者的设计原论》[㊀]（野岛久雄译，新曜社，1990 年）。在该书中，诺曼将 affordance 作为环境中所具有的“行为的可能性”来诠释。“afford”被认为是“设计出的东西

㊀ 《誰のためのデザイン？—認知科学者のデザイン原論（为了谁的设计？——认知科学者的设计原论）》*The Design of Everyday Things*/《设计心理学》。（译者注）

诱发某些特定的行为”。这很明显就是变了形的“刺激→反应”图式。但这里不能忽略他提出的决定性的前提条件——不论是有意识的还是无意识的，只要行为者没有行为的意图，还没有对环境进行探索，那么环境就绝不会对行为进行 afford 的。也就是说，设计的 affordance，并不是“刺激→反应”，至少也是“刺激↔反应”的相互作用的产物。

吉布森和康德

在《生态学的视觉论》一书的“序”中，吉布森这样写道。

“我仍有一点希望读者朋友们能明白的，就是空间的概念是和任何知觉都没有关系的。几何学中的空间是一种纯粹的、抽象的观念。宇宙虽然可以被心象化，但实际上无法被看到。进深方向的线索（cue）[㊀]只和绘画有关系，

㊀ 线索，cue，手がかり，在视空间知觉的问题上，心理学家认为空间知觉需要依靠许多客观条件和机体内部条件或线索（cues）并综合有机体的已有视觉经验而达到。有时我们甚至无法意识到这些线索的作用。概括起来，视空间知觉的线索包括单眼线索和双眼线索。单眼线索主要强调视觉刺激本身的特点，双眼线索则强调双眼的协调活动所产生的反馈信息的作用。单眼线索（monocular cue）中主要的有如下几种：对象的相对大小（relative size）、遮挡（occlusion）、质地梯度（texture gradient）、明亮和阴影（light and shadow）、线条透视（linear perspective）、空气透视（atmosphere perspective）、运动视差（motion parallax）等。双眼线索（binocular cue）是深度和距离知觉的主要途径，双眼线索主要包括视轴辐合或双眼会聚（binocular convergence）和双眼视差（binocular disparity）。［参考文献：東北大学　高次視覚情報システム研究分野（塩入諭｜栗木一郎｜曽加蕙）的讲义，以及電子情報通信学会「知識ベース」2010 年的系列文章］（译者注）

除此之外并无更多的意义。视觉的三次元是对笛卡尔坐标系三个坐标轴概念的误用。

如果没有领悟空间的概念，那么我们就无法对周围的世界进行知觉——这一说法毫无意义。实事上恰恰相反。如果我们不去看脚下的地面和头上的天空，大概是没办法想象出什么都没有的空间的。空间是神话，是幻影，也是为了几何学者而造出来的东西……如果读者们同意将康德所表述的‘没有概念的直觉是盲目的’这种独断抛之脑后的话，那么深刻的理论上的混乱泥沼大概就能够干涸了。”（古崎敬等译，サイエンス社，1985 年，第 4 页）

在吉布森看来，康德所提倡的空间和时间的思考形式㊀，只是完全没有经验层面证据的抽象的“概念”。而相对地，affordance 则是人类作为地球上生存着的生物，通过进化的过程，花费了漫长的时间才抽出的“不变项”。这种生态学的知觉论——从围绕着人类周身的环境光㊁的光阵列㊂的无数变化中所抽取出的“不变项”即为视觉——是彻底的经验主义式的思考。那么，前面介绍的约克斯库

㊀ Kategorie，思考形式、范畴、类别，カテゴリー（哲学用语）。亚里士多德所认为的对客观事物进行分类的最为普通的基本概念，康德认为为得出判断而必须遵守的思考（悟性）形式。（译者注）

㊁ 环境光，ambient light，包围光。（译者注）

㊂ 光阵列，optic array，配列。（译者注）

尔的理论又和这两者有着怎样的关系呢？约克斯库尔的“环世界”理论是从经验层面进行了实证的符合科学范式的理论，和 Affordance 理论是十分接近的。同时，作为环世界理论的背景，约克斯库尔主张，各种各样的生物有着各自特有的时间和空间的范畴。这样错综复杂的三者间的关系，应该如何来理解为好呢？

在我看来，“不变项的抽出”这一视点中存在着可以将三者进行联结的要点。要想理解这一点，需要借助克洛德·列维-施特劳斯的结构主义人类学为中间媒介。列维-施特劳斯所提倡的“结构”，指的是从表面看上去多种多样的文化之中所抽出的那些“不变项”。一旦对结构进行了明确，那么就可以将多样化的文化解释为结构的体系层面的变形。也就是说，结构，即为人类共通地所具有的无意识的思考形态。从这个意义上来讲，结构也可以说就是 affordance 的其中一种。

另一方面，克洛德·列维-施特劳斯称自己是彻底的康德主义者。他所说的康德主义所主张的是，不论空间也好，时间也好，人类如果不通过某一种认识图式就无法看这个世界。结构也是认识图式中的一种。反过来说，所谓认识图式就是从多样的思考中被抽出的“不变项”。

康德的空间时间概念，即是从牛顿力学的前提 = 宇宙尺度层面多样化的表象中所抽出的“不变项”。从这个意义上，其根据之所在不是在生物学而是在物理学。然而，康德的时间空间概念被之后出现的一个更高次元上的“不变项”所超越了，即爱因斯坦一般相对论的“空间 = 时间”概念。

与之相对地，affordance 则是生物在地球上不断进化中在“重力”的作用下从诸多经验中所抽取出来的“不变项”。就像吉布森曾说过的，生物知觉中的“地面和天空”或者说“上下”是空间层面的“不变项”。将这一“不变项”进一步扩大到宇宙范围的话，“上下”就消失了，而笛卡尔 = 康德的时间空间作为“不变项”浮现出来。

通过以上的诸多思考，我们可以认为，在对“不变项”的追求这一点上康德和吉布森是相通的。也就是说，吉布森是以另一种方式在对“概念”进行着追求，甚至可以说是在践行着“没有概念的直觉是盲目的”这一康德的名言。科学研究的基本态度就是对“不变项”（也就是法则）的追求，从这一点来思考的话，两者的相通也是必然的。

生态学式的建筑论

根据以上诸多从 affordance 扩展出的理论中，与建筑相关的可以谈些什么呢？

首先有必要再次进行确认的一点是，建筑是生态学式的，建筑设计并不是从建筑到人类或社会的单方向的作用。这并不只是针对建筑的社会功能或实用性的评价，也是对美学层面的评价。

依照康德所提倡的主观美学的观点，美的快感并不是将对象的美的特征作为一种“刺激”来进行接受的“反应”，而是不论对象如何，都将其作为美的对象试图理解的这种从主观上的努力之中所获得的感情。也就是说，美的快感是主体的感性图式和对象的属性之间相互作用的产物。从这一含义上来讲，主体侧的感性图式可以说是文化 affordance 的一种，这一图式又通过丰富的经历和体验达到变化和成长。此图式灵活多变，越是具有广泛的回路越是可以感受和理解多样化的美，越可以获得美的快感。

就像在《复制技术时代的艺术作品》中瓦尔特·本雅明所说的，建筑通过“散漫的意识”来对人产生影响并经过较长的时间带来感性的改变。与此同时，人类基于从建筑体验中所抽出的主观图式而对建筑进行变更并产生出新的设计。这样的相互作用，亦即建筑的生态学式的作用。

最后，我想将恩师池边阳所给出的建筑的定义在此进行介绍。这也是生态学式建筑论的基本命题。

“建筑的目的，并不是面向某些特定人群来设计出与之相适应的建筑。建筑和人在相联结的那一刻起，于那处就产生出新的人，而且建筑自身也由于那个人而发生变化，请诸君莫要忘记这是一个动态的过程。”（《设计的钥匙》丸善，1979 年）

Ⅲ

自生的秩序和规划

3.1 读：简·雅各布斯《美国大城市的死与生》

大城市的教母

岩元真明

“大城市”的发现

简·雅各布斯是一名激进的活动家。凡是借清除贫民窟（slum clearance）之名并且对人采取冷漠态度的城市规划，都成为了她的敌人。她战斗在对纽约高速公路和再开发计划的反对运动的最先头，并曾因为运动过于剧烈而被逮捕。在1961年出版的《美国大城市的死与生》中，她把对纽约的爱进行浓缩，对城市的多样性进行称颂，成功地扭转了近代规划理论。该书最大的成就应该就是将20世纪的“大城市”和近代以前的“町/街区”或“城市”之间清晰地区别开来。雅各布斯曾这样说，“大城市，并不仅仅是街区的扩大，也不仅仅是郊外的高密度化。（注1）”

雅各布斯将大城市作为与此前人类所构筑的环境之间有着根本性不同的类型（category）来认识。她对田园城市规划、近代城市规划、城市美化运动统统进行了批判，认为这些都没有能够认识清“大城市”的这一范畴，田园理论（绿、空间、太阳!）以大城市的解体为目标，这在她看来是错误的。和前近代的社区（community）有所不同，雅各布斯对大城市的定义是“几乎都是不认识的人”的一种状况。她将那些由无名的群众所产生的城市空间真实地接受下来，并认为其魅力正是在于各种各样的文化融合在一起所带来的多样性。作为这一多样性的前提，她提出了功能混合、小规模街区、旧建筑、密集四个要项，这些都是和之前的城市规划理论完全对立的。其中密集这一项即“高密度”，可以说是决定性的构想。其他的几项，功能混合和小规模街区，是在近代以前的城市里也曾表现出来过的性质。她在此之上加了“高密度”，于是其主张就脱离了乡愁（nostalgie）的范畴，而成为了剖析大城市的理论。

“高密”和“过密”

在雅各布斯以前，城市规划领域中“高密度”被看作是恶的。奥斯曼的巴黎改造中利用宽阔的大道将中世纪的街区切开，是对“城市的放血”㊀。霍华德的田园城市，是以从混杂的大城市逃离，在近郊建立乌托邦为目

㊀ 放血曾经是现代医学发展之前医生治疗病人的手段，这里的意思是用原始的放血疗法来试图解决城市的问题。（译者注）

标的。勒·柯布西耶则更为极端，他的“光辉城市”，试图导入摩天楼，将建筑内部的密度进行大幅提升，从而可以使得城市中九成的土地得以建造公园和绿地。雅各布斯对建筑物进行高密度建设和排列的状态是持肯定态度的，而且还主张，不论是田园城市规划还是近代城市规划都混同了“高密（concentration）”和“过密（over-crowding）”两者。

“低密城市，明明没有实事证据证明，却至今为止一直被认为是好的，而高密城市则被作为恶的来对待，究其原因，正是因为住户的高密和住户内的过密经常被混同为一个事了。所谓高密度，指的是相同面积上的住户数量更多。所谓过密，指的是相对于住户的居室数，居住于此的人数过多。（注2）”

田园城市规划没有能够区别开高密和过密，所以将两者一并进行了排除。而雅各布斯则主张“高密度”是城市多样性的必要条件之一，因为所在地域如果想要维持必要的商业或公共设施，就需要一定数量以上的人口，这是不可缺少的条件。哪怕是面对勒·柯布西耶，她也能够将“NO”摆在面前。因为“光辉城市”同样错误地将高密度地建设建筑物的街道认为是“过密”，并试图进行破坏，犯了和田园城市规划相同的错误。

对新城市主义的影响

雅各布斯所提出的对近代城市规划的批判，在当代也有着广泛的簇拥者。从20世纪80年代起在美国开展的新城市主义运动（New Urbanism）也是其中之一。新城市主义的目标是创造出以公共交通为轴，以步行者为中心的城市，和欧洲的紧凑城市（Compact City）理论十分接近。在对新城市主义的方针进行了总结的阿瓦尼原则（Ahwahnee Principles，1991年）中所认可的功能混合、对步行者的重视等理念都深深地受到了雅各布斯的影响（注3），然而，这之中却缺漏了“高密度”。秉持着所谓反蔓延（anti-sprawl）理想的新城市主义，并不是以雅各布斯所提倡的高密度大城市为志向的，实际上是作为适用于郊外或街区的设计理论而展开的。这甚至会成为雅各布斯之理论向着田园城市方向的返祖和倒退，从新城市主义中屡次出现的应用传统要素对建筑表层进行操作之中就可以看出这种端倪。从这个意义上来看，新城市主义大概并不能被称作是大城市主义者雅各布斯的正统后继人。

雅各布斯与库哈斯

将雅各布斯的“高密度”理念进行了继承的，我认为是荷兰的现代建筑家雷姆·库哈斯。他们有着同样曾经作为记者的共同经历。在《美国大城市的死与生》中，雅各布斯彻底地避免了由主观出发的审美式的判断，没有抬高某种特定的造型或样式。例如她虽然很重视旧建筑，但也不是出于审美层面的理由，而是出于经济层面的考量。库哈斯也是秉持着自己的判断，以新闻报道的方式对城市进行描绘。据说这是他在《海牙邮报》作记者时所掌握和熟练的方法(注4)。而且这两人同样都关注了纽约这座城市，以及它的“高密度”。在此，让我们引用库哈斯在《错乱的纽约》(1978 年) 中的一小节，“作为众望所归的现代文化之基础的大都会（metropolis)，其状况——超过密……曼哈顿的建筑，就是为了活用过密而给出的公式。(注5)”

虽然“过密”这一词在日语中是多义且容易混淆的，但库哈斯所说的“过密（congestion)”并不是“过密（overcrowding)”的意思，而是指每一单位面积的用地上的建筑面积极端过大的情况，也就是“超高密”的状态。从这个意义上讲，《错乱的纽约》可以说是《美国大城市的死与生》的延续。因为雅各布斯和库哈斯在高密及功能混合这两个概念上是共通的。

Bigness 之分歧点

但是，他们两人之间也存在着决定性的分歧点。库哈斯对“高密度”的考察最终归结为严严实实地占满了街区的摩天楼，而对于被“光辉城市”造成了心理阴影的雅各布斯来说，巨型建筑实在是让人头疼的一个种类。雅各布斯这样说道，“问题不在于种类，而是规模。一些街道上的建筑在面向街道的部分和其他建筑相比不均衡地占据了过大幅面，这一切，都会使街道的统合协调崩坏，使街道变得荒凉。(注6)”

摩天楼明明是纽约的特质，却在《美国大城市的死与生》中从头到尾都没有被谈及，这大概就表明了雅各布斯对巨大规模所带来的超高密度的不信任。而库哈斯则把巨大规模作为了现代所无法避免的条件进行了认可，在*Bigness*（1995年）这一随笔中就进行了如下的表述，“建筑如果超过了某一个尺度就获得了大（big）这个性质……单是仅凭大这一点，建筑物就超越了善恶而进入到和道德不相关的范畴之中。(注7)”

在这里库哈斯将“Bigness”从“建筑”中完全区别开来。这和雅各布斯将“大城市”从“城市”之中分离开来的理论可以说完全一样。就像在大城市中近代城市规划无法施展拳脚一争胜负那样，同样地，在Bigness中从前的建筑理论也无法适用。原因就在于建筑和Bigness从种类上就是不一样的。雅各布斯对Bigness命题也十分敏感地进行了反应，并将它视为是恶的。这源于她所追求的大城市的“生”是生气勃勃的街道生活。而库哈斯则恰恰是在

Bigness 的内部发现了大城市的“生”。“存在于各个楼层之中的，过密的文化，可以将各种各样活力四溢的新的人类活动，进行未曾有过的配置并展现出来。(注 8)”

雅各布斯在纽约的街角发现的高密和功能混合，在库哈斯这里被平移，成为摩天楼内部所发生的大城市的状况。库哈斯所发现的大城市的“生”，是从街道中孤立出来的、存在于巨大建筑内部所发生的幻惑式的生活。之后到了 20 世纪 90 年代，库哈斯在《普通城市 Generic City》(1994 年）中，在均质化了的城市中宣告了“街道的死亡”。

被商业主义回收的“好意”

库哈斯在率领着哈佛大学的学生们所进行的 shopping 研究 *The Harvard Design School Guide to Shopping*（2001 年）中，收录了名为 *Good Intentions/*《好意》的对雅各布斯进行评述的随笔，并说到，雅各布斯所提倡的“四个要项”在其后立刻就被开发商们用作为了开发指南。十分讽刺的是，雅各布斯的“好意”，却被商业主义所利用，而且转化成了新一轮的再开发手法。而结果，就是大城市被改写成了商业的场所，诞生的都是和多样性正相反的、具有排他性的商业空间（注 9)，这是文章归结出的结论。的确，雅各布斯的批判对象常常是对公的开发，而对私的开发没有给予过多关注。《美国大城市的死与生》成书于凯恩斯主义和公共投资盛行的时期，当时以开发商为主导的开发比较来看还并不起眼。私人开发是以新自由主义为导火索在20世纪80年代之后加速发展起来的。《美国大城市的死与生》从时间上来看恰恰是在这两者之间。在 *Good Intentions* 中指出的，雅各布斯的“好意”反而成为对真实的街道进行夺取的工具，和《普通城市》中宣告的“街道之死”，虽然从表面上看起来不同，但根本上是相通的。我认为雅各布斯的理论批判没有足够的射程，没有能够延长至资本主义主导的后现代城市。难道她的本意是在那些私人开发项目中产生出主题公园式的“街道的生”吗?

大城市的虚像[一]

让我们在这里梳理一下由雅各布斯所带来的影响。新城市主义是从她的理论中将“高密度”剔除后应用在郊外住宅地的设计理论。另一方面，库哈斯将“高密度”的思考更推进了一步，到达了曾经是雅各布斯所逃避的 Bigness

[一] 法语“simulacre”，意为虚像、印象、仿造品，被20世纪的法国哲学家赋予了特别的含义。在论述尼采和柏拉图时，将“实像”和“虚像”（simulacre）、“本质”和“假象”形成两相对立的关系，并进行哲学层面的讨论；还有一层含义，是在讨论消费社会和文化现象时，并不存在“本物”（original）和“伪物”（copy）的对立，而只是存在“模像”（simulacre）的循环。（译者注）

的命题。开发商将雅各布斯的理论进行了表层式的利用，把城市转写为了商业的场所。他们都没有完全按照雅各布斯的意图，很难算得上是其忠实的后继者。而且，这三者在将“街道的生”作为虚像来理解（来制造）这点上是共通的。大城市是20世纪最大的发明，雅各布斯是这一点的发现者。然而，理论在离开了她的手中而被应用在规划阶段时，“街道的生”不得不变成被制造出来的东西。有着完全不同思想的三者所到达的结局，提示出了在现代所难以避免的状况。不知从何时起，雅各布斯所热爱的大城市已经成为了幻影。

一方面，新城市主义的规划在郊外得以实现，另一方面，类似于郊外型购物中心的开发项目，借助雅各布斯的理论得以挤进到城市中心，这一实事很耐人寻味。在这之中，雅各布斯从大城市中拣选分离出来的郊外的影子，又再一次地偷偷潜入了回来。库哈斯所追问的 Bigness 命题，也是不拘泥于场所性的一种理论模型。成为了幻影的大城市，已经超越了大城市和郊外之间的区别。我对于在这里寻找积极的意义持怀疑态度。

用大城市的理论来剖析郊外，很有可能是源自于近代城市规划中使用了郊外的理论对大城市进行介入，所带来的误导只是以另一种形式在重演。但如果将库哈斯的讨论进一步推进的话，也许可以凭借 Bigness 在偏远的郊外也可以产生出大城市般的体验。比如说郊外的购物中心，既可以作为 Bigness 内部的大城市的状况来理解，也可以作为均质化的郊外空间的表现来看待，这里是大城市和郊外的交界线。在关于购物中心的讨论中，根植于商业主义中的排他性一直都被作为论点，究其原因，也许就在于雅各布斯式的城市化未完全实现（注 10）。

将雅各布斯的意图在建筑中进行再构筑，至今仍被认为是有可能的。它可以促进现阶段针对大规模开发时的建筑策划或空间构成的再探讨，以及公、私、个的空间的再分配。哪怕成为了虚像，但仍有可能成为医治已经失去了活力的郊外及地方城市问题的处方笺，仍有可能成为被束缚于乡愁或怀旧中的大城市翻新的转机。

注

（1）简·雅各布斯，《美国大城市的死与生》，山形浩生译，鹿岛出版会，2010 年，45 页。

（2）简·雅各布斯，《美国大城市的死与生》，232 页。

（3）松永安光，《街区营造的新潮流——紧凑城市、新城市主义、城市村落》，彰国社，2005 年，178 页。

（4）Roberto Gargiani，《雷姆·库哈斯 | OMA 惊异的构筑》，难波和彦、岩元真明译，鹿岛出版会，2015 年，7 页。

（5）雷姆·库哈斯，《错乱的纽约》，铃木圭介译，筑摩书房，1999 年，11 页。

（6）简·雅各布斯，《美国大城市的死与生》，264 页。

（7）雷姆·库哈斯《S，M，L，XL +》，太田佳代子、渡边佐智江译，ちくま学艺文库，51 ~ 53 页。

（8）雷姆·库哈斯，《错乱的纽约》，210 页。

（9）约翰·麦克默罗，John McMorrough，《好意：简·雅各布斯及其追随者》/ *Good Intentions*: *Jane Jacobs and after*（库哈斯，*The Harvard Design School Guide to Shopping/Harvard Design School Project on the City* 2, Taschen, 2001 所收）

（10）近年关于购物中心（shopping mall）的研究可由《思想地图 β》1 号（东浩纪，コンテクチュアズ，2010 年）为代表。同书可见对于购物中心的虚像进行了积极理解的尝试。

自生式设计的可能性

难波和彦

从结论来看，简·雅各布斯的《美国大城市的死与生》，是一本以 20 世纪 50 年代的纽约为案例进行研究，对在现代也依然通用的“自生式设计”的可能性进行了论述的书。那么，什么是自生式设计呢？这是从经济学者弗里德里希·哈耶克（1899—1992）所提出的“自生式秩序”（spontaneous order）这一用语发展出来的，由我考虑出来的一个新词。

自生式秩序

哈耶克主张，社会组织或市场经济是从传统中自然地产生和进化而来的秩序，没有可能对其进行人工的设计和管控。基于这一思考，他不仅批评了那些试图对经济进行统一管控的经济政策，也批评了那些试图通过国家主办的公共事业来刺激经济的战后西欧诸国的凯恩斯主义经济政策。到了20世纪70年代，随着战后经济政策受阻，以及石油危机的暴发，哈耶克的经济思想被重新重视起来。而且，和哈耶克同阵营的反凯恩斯的经济学者米尔顿·弗里德曼（1912—2006）所提倡的自由放任（laissez-faire）的经济思想，也对哈耶克思想形成了后续推动的助力。

那么什么是自生式设计呢？指的就是对那些自发地产生出的秩序进行的设计。如果从哈耶克对自生式秩序的定义出发，这也许看起来像是有语义矛盾。然而，自生式秩序难道真的不能被设计吗？让我们再一次返回到原理来进行思考。不只是建筑或城市，大概只要是由人工所制造的东西，全部都是由某人所设计出的产物。如果将自生式设计作为那样个别的设计来考虑的话，那么是不是就可以认为，自生式秩序就是人工设计的集合所生成的产物。哈耶克并没有对这样个别的设计也进行否定。哈耶克所否定的是，对个别设计的集合进行从上至下的统筹管控的所谓设计。他提出的自生式秩序是指，遵从一定的规则而进行的、由无数个别的设计所集合起来而生成的、自下而上式的秩序。

设计制图课的陷阱

设计制图课的陷阱，一谈到这个问题，就让我陷入不得不常常思考它的痛苦回忆里。这是我在大学里担任设计制图课教师时，脑子里一直有一根弦在想的问题。

最近的学生，总体来说对现代主义的自上而下式的设计是抱有怀疑态度的。提出像是勒·柯布西耶的“光辉城市”或 20 世纪 60 年代的新陈代谢派所描绘的夸大的（megalomaniac）巨大建筑的设计方案的学生，到现在只能说是十分少有了。这样的倾向，尤其是在都市工学或社会基盘系的学生中尤为显著。其理由是，迄今为止这两个学科都是以城市规划的总体规划（master plan）或巨大的土木工程构筑物为主来推进教学的，与之相对地，学生们反而产生了自卑感，所以才带来了设计方案上相反的取向。总而言之，他们对自上而下的设计从直观上抱有一种避讳感。其结果，就是在设计制图课上，他们总是试图设计成那种小规模建筑的集合体，或者像是编织网那样的复杂的小型街道空间。尽管设计制图课给定的用地范围是城市层级的情况较为常见，但学生们在给定的广阔用地上，仍旧试图用小规模的建筑或小巷子来填满它。

在这里存在着一个陷阱，为什么这么说呢？城市尺度级别的设计课题，最初就是以自上而下的设计为前提来设定的。而结果呢，学生们看上去好像是进行了自下而上的小规模的城市空间的设计，实际上还是自上而下地设计的，这明显是站在了开发商的城市再开发的立场上。无论是察觉到了这一点，还是无意识地站在了开发商的立场上，难道稍微设定一些什么系统或规则，设计一些小规模的城市空间的话，产出的结果就可以分出好坏善恶了吗？这样设计课题就可以成立了吗？就算纠结于自下而上的设计，想要人为地设计出像下町小巷那样的纤细的空间，也只能以悲剧收场。为什么这么说呢？因为这是从原理上就不可能的尝试。小巷空间是以各式各样的人们为主体，分别进行的为数众多的小型设计，经过时间的积累聚集而成的结果，所产生的城市空间，换而言之就是自生式秩序，在这之中并不存在自上而下的视点。尝试对其进行自上而下的设计的话，会产生出的仅仅是对表层进行了模仿的主题公园式的空间罢了。

如上所述，在现在的设计制图课中，还潜藏着由近代城市规划所设下的陷阱的影子。而在设计制图课的教员中也还有很多人仍然没有意识到这一点。

城市的原理

不必赘言，在《美国大城市的死与生》这本书中，雅各布斯的视角是彻底的自下而上的，也可以说是活在城市中的生活者的视角，这一点和《日常生活实践》是有共通性的。那么从这之中建筑家或城市规划师又能够学到些什么呢？

《美国大城市的死与生》日文翻译版是在1969年由黑川纪章执笔翻译出版的，但该书是部分译本，只有全书四部分中的前两部分。这一次则是首次推出了全文译本，出版于1961年的原书，分别于1969年和2010年历经两次才被翻译过来，这是为什么呢？我想这其中有着明确的历史必然性。

用一句话概括来说就是，对于现代的城市问题，该书所提出的是决定了大城市生与死的具有普遍性的原理。这里特意使用“普遍的”这一古典的语汇是有理由的。英文初版面世于20世纪60年代初期，黑川译版是在20世纪60年代末期，全译版本是出现在现代，在这间隔的五十年间，城市的样貌发生了巨大的改变。尽管如此，该书所提倡的城市原理的有效性却完全没有改变。在我看来，该书所提倡的城市原理是超越了时代或地域的，可以通用于全世界中所有大城市。关于这一城市原理，雅各布斯是这样说的，“这一具有普遍性的原理就是，城市中的那些极为复杂地相互缠绕在一起的粒度相近的多样化的用途是必不可少的，而且这些用途无论是在经济层面还是在社会层面的彼此间不断的相互支撑也是必要的。”（第 1 章“导言”，30 页）

这一原理，和克里斯托弗·亚历山大所提出的纲领“城市并非树型”（1965 年）是有着直接的联系的。雅各布斯关注的是在城市中开展的活动之间的关系，相对地，亚历山大关注的则是城市空间的构成，两人的主张和观点可以说是相同的。

《美国大城市的死与生》基于这种一看就合理的原理之上，对 20 世纪 50 年代在纽约所开展的一系列再开发计划进行了详细的批判，并提出了取而代之新的城市再开发的可行方案。所以，即便原理是具有普遍性的，但其具体的适用方法也受到当时历史条件的影响，具有历史局限性。

20 世纪 50 年代美国的城市政策，是以二战后凯恩斯主义经济政策为基础，以行政主导的自上而下式的城市再开发为主流的。其背景正是从欧洲输入的现代主义的城市规划思想。二战结束后不久，美国的城市由于急剧的人口增加而急速地推进了郊外化进程，城市中心区发生了空洞化。作为这一城市问题的对症疗法，自上而下的城市再开发被推上进程。对于当时来讲，这样的再开发有着历史的必然性。那个时期的时代状况已经由该书的译者在解说中进行了详细的介绍，大家可以自行去了解。雅各布斯所批判的，正是这样自上而下的再开发。后面会再详细阐述，大家要认识到当时和现今的城市状况有着很大的不同。在阅读该书时，有必要将当时的历史背景时时刻刻放在脑海之中。

黑川纪章的立场

我认为黑川纪章所关注的，是从该书中可以获得关于如何超越现代功能主义城市规划思想的启示。在 20 世纪 60 年代，黑川以新陈代谢思想为基础开展了一系列的城市规划和建筑设计实践。作为城市规划思想的新陈代谢派，依然是和国家以及行政紧密联结的社会工学范式。也许他是想要借助该书由自下而上的视角所进行的城市分析，对他的那种自上而下的方法进行补充和完善。

该书共有四章，可分为前半部分和后半部分。在前半部分的两章“城市独特的性质”和“城市多样性的条件”之中，以纽约为案例对城市的原理进行了详细的探讨。在后半部分的两章“衰退和再生的力量”和“不同的策略”之中，指出了自上而下城市再开发的失败，并提出了取而代之的自下而上的替代方案。黑川初次翻译时，只将前半部分的两章进行了翻译，之所以这么做大概是因为后半部分的两章明显地和他自上而下的方法不相容吧。尽管如此，就像前面所讲的，前半部分的两章实际上也是为了对自上而下式城市再开发进行批判而对城市原理进行的论述，所以本来就和黑川的新陈代谢派城市规划思想不相容。黑川大概是被美国本土对该书的风评所吸引，当初很有可能没有注意到这一点。或者是说，他是将前半部分的城市分析和后半部分的具体提案一劈两半来理解的。但是随着仔细地阅读下去，他一定是注意到了雅各布斯的和自己的城市思想之间存在着的决定性差异。证据就是，在译者后序中黑川坦诚地进行了这样的叙述，“再来想一想的话，译者由我来担任也不知是否妥当，哪怕是到了现在也总感觉存在着疑问。”

当时类似的这种错位还有一个。克里斯托弗·亚历山大在20世纪60年代中叶时借助其在博士论文《形式综合论》和《城市并非树型》中所采用的数学的、逻辑的方法而受到了全世界的注目。丹下健三和黑川纪章也对此进行了关注，并在1970年邀请亚历山大以参展人身份来参加于大阪开办的世博会。然而，亚历山大在20世纪60年代后半叶时，已经对其先前提出的以数学的、逻辑的方法来设计进行了否定，转向了借助自然语言的、直观的“模式语言”方向。因此，在大阪世博会庆典广场的桁架屋顶下所展示的亚历山大的“人类城市”，是和讴歌新技术的世博会的基本理念完全不相符的，是错位和相异的。

自生式设计是可能的吗

那么为什么在原书出版之后五十年的现在又要对该书进行重新审视呢？在我看来，正是因为现代的城市终于到达了一种状态，即可以实现该书中所提出的自下而上式的城市规划的最为合适的状态。

就像前文所说的，在此五十年间，20 世纪 80 年代西欧诸国从实行凯恩斯主义经济政策转向了哈耶克及弗里德曼等所提倡的新自由主义政策。与之相伴地，此前的一些公共组织被民营化，一些由政府主导的公共事业被民营事业所取代。并且，城市不再像以前那样是作为公共事业，而成为由民间的无数个事业所积聚而成的自发生成的产物。也就是说，现在的城市和社会状况，终于到了可以将该书中所展开的雅各布斯的自下而上的城市思想进行积极的实践的时候了。

然而需要注意的是，当初 20 世纪 60 年代和现在的历史条件已经发生了巨大的变化。最大的变化就是商业主义在世界范围内的渗透。现如今，城市的商业活动都是由民间资本在承担。而且由民间资本所承担的城市再开发愈发地巨大化，基本上和自上而下的规划展现出几乎相同的样貌。一切城市空间都被作为经济活动的对象来看待。也许，巨大资本的商业主义，和雅各布斯提倡的小型商业活动作为城市再生之必要条件的思想之间，从本质上就是不相容的，所以雅各布斯当初所设想的由小型商业活动聚集形成的商店街式样的街道景观就不要奢望了，取而代之的是购物中心模式的自我完成式的城市空间。

对于现阶段的这种变化要如何认识呢？雅各布斯的自下而上式的设计，和由现代大资本所主导的自上而下的设计之间的这种对立，是否和20世纪50年代时的对立状况是一样的呢？假设雅各布斯所提倡的城市原理放到现在也是适用的，且对于促进城市的活性是有效的，那么或许可以通过将大型开发进行分解和小规模化，一定有可以将两者进行统合的方案和策略。对具有可能性的具体提案进行探索尝试，正是时代给予我辈的紧急课题。

追记

在东日本大震灾的复兴计划中，民众对由国家引领的公共事业的期待较之前提高了许多。这里提出一个问题，震灾后的复兴事业，必须得要像二战后一样由国家来直接承担吗？需要肯定的是，想要让复兴事业迅速地推进，由国家提供经济上的支持是必不可少的。然而，是否有必要将事业本身进行公共事业化和自上而下化呢？我倒是认为，应该促进的是，可以给自下而上的复兴活动以推动和支持的体制的建立。难道不是只有自生式的复兴才是本质上的复兴吗？虽然说这是一个急需解决的问题，但其实和前文所说的问题都是同一类型。

然而遗憾的是，东日本大震灾的复兴事业是由政府和行政部门所主导的自上而下式的公共事业来推进的。而结果就是，由于建设费用的高涨，导致了建设业界全体产生了向着自上而下的方式进行转变和再编成的趋势。

3.2 读：曼费雷多·塔夫里《球与迷宫》

被设置下的难解规划 = 计划要如何解读

龙光寺真人

凡是将该书读完大半的人，大概都会有一个坦率的感想，那就是“好难啊”。首先就让我们从思考这个“难”开始吧。这里的“难”源于庞大的信息量和错综复杂的表达，那么我们索性就来追问一下该书“难”的原因。其特征可以归纳总结如下。

（1）综合命题（synthesis）[㊀]的不在。该书中所描写的先锋派（avant-garde）的冒险，在球和迷宫这两端之间来回往复并没有固定下站位。简单图式型的解释不被允许，这种“摇摆”被详细地记录在书中。球与迷宫之间没有尽头的辩证，拒绝抽象的解释，结论依然悬而未决。

（2）宣言纲领（manifesto）的不在。作者曼费雷多·塔夫里是一名意大利共产党员，在该书中他有意识地减少了有关自身政治主张的表达而关注内容。也就是说，在该书中直接式的宣言被有意回避了，也就使作者的真实意思不那么容易被读出来了。

（3）真实（reality）的不在。在该书出版后不久冷战格局也结束了。对于生活在现在的我们来说，想要真实地感受、理解当时意识形态的对立格局，是很困难的，也是无法避免的。

上述三个“不在”，是解读该书时特别需要注意的三点。综合命题的不在，可以说是尝试将复杂的事情按原本复杂的方式来记述而导致的结果。而为了能更好地解读历史，塔夫里准备好了球与迷宫这一问题抓手。在塔夫里看

㊀ 综合命题是黑格尔辩证法中的概念，正命题（Thesis）、反命题（Antithesis）、综合命题（synthesis）。（译者注）

来，所谓历史，是作者先有了规划 = 计划，再对历史进行解读。“球”和“迷宫”的矛盾以及冲突并未被统合而是保持着相互纠缠的状态，一直持续地（互补式地）在历史的舞台上共存。接下来，关于宣言纲领的不在，只要仔细地读该书就可以领会到这一点。在塔夫里的思想中，唯物主义的历史观是其思想的基石。通过该书生动地浮现于眼前的先锋派的“像”，其实已经预先被赋予了这样的印象。关于真实的不在，并不是作者有意为之，而是历史的偶然。当然，我们是从现代的视角阅读该书，但一定要避免无视当时的时代性和实际情况。那不仅是不正确的，而且是不诚实的阅读方式。已经可以明确的是，该书一个侧面是可以将它作为具有史学性的历史书来读的。

塔夫里/弗兰姆普顿㊀/杰姆逊㊁

贯通《球与迷宫》的一大主题就是“历史上，在先锋派的变迁中，秩序和无秩序、法则和偶然、造型和无形等，表面上形成对比的可选项被证明实际上是完全互补的

㊀ 肯尼斯·弗兰姆普顿，Kenneth（Brian）Frampton，ケネス・フランプトン（1930—），建筑史学家、建筑批评家，哥伦比亚大学终身教授，著有《现代建筑—部批判的历史》等。（译者注）

㊁ 弗雷德里克·杰姆逊，フレドリック・ジェイムソン，Fredric Jameson（1934—），美国当代重要的文学理论家和文化批评家，其著作涉及历史理论、文学批评、电影音乐、建筑学等。（译者注）

关系。(注1)”为了理解塔夫里在该书中提出的历史观，作为抓手，让我们来比较一下和他同时代的两位历史学家。其中一位是英国的建筑史学家肯尼斯·弗兰姆普顿（1930—）。塔夫里和他于20世纪70年代在彼得·埃森曼主导的纽约建筑城市研究所相识。相对于重视推动历史向前进的avant-garde=“前卫”的塔夫里，弗兰姆普顿将视线投向了“后卫”。“现如今的建筑如果仍然有可能是批判的实践的话，那也只存在于建筑选择站在‘后卫主义’立场的情况下，也就是说要采取一种既要从启蒙主义的进步的神话中抽身而出，也要从退步的、想要回到工业化以前的建筑形态的逃离现实的冲动中抽身而出，站在保持距离的立场。(注2)”弗兰姆普顿这样说着，提出了批判的地域主义，即对国际式风格（international style）逐渐遍布于全球这件事进行批判的地域主义（regionalism）。他在《反美学》中提出这一理论时是1983年，应该注意到的是这一时间是《球与迷宫》出版的三年后。“‘批判的地域主义’的基本战略，就是要令具有普遍性的文明影响，和从个别场所的特色中间接抽取出的诸要素，两方达到和解。(注3)”从这种辩证法式的言辞中也可以看出，弗兰姆普顿的历史观受到了马克思主义的影响，可以说，批判的地域主义作为国际式风格和地域主义的辩证法而找到了其自身的位置。

杰姆逊对后现代主义时期建筑中诸多学说的整理

另一位值得注意的人物是弗雷德里克·杰姆逊。他采纳了弗兰姆普顿的批判的地域主义，并且描绘出了另一番不同的景象。作为一位美国的思想家，杰姆逊出生于1934年，和塔夫里、弗兰姆普顿都处于相近的时期，他同样也受到了马克思主义的影响。在对后现代主义和现代主义的关系进行论述的著作《时间的种子》（原书出版于1994年）中，他运用符号（学）矩阵[㊀]对后现代时期的建筑中的诸多学说进行了整理。

上下的两极，一方是高度现代主义，另一方是后现代主义及其他。高度现代主义的特征，被大致分为整体性和革新。批判的地域主义的特征，则被指出是部分和反复。此上下两极，也可以说是具备了球与迷宫的构造，上为“球”，下为“迷宫”。从上下两项中分化出来的特征，在各自延伸后的交叉点的位置上，分别是肮脏现实主义（dirty realism）和解构主义[㊁]。杰姆逊使用辩证法式的简单

㊀ 格雷马斯（法）提出的 semiotic square（rectangle），記号論的四辺形（意味の四角形），中文被译为“符号（学）矩阵、符号方阵、语义方阵”，利用此逻辑关系框架作为一种分析的基本模型。

㊁ 杰姆逊所利用的是“O 型语义方阵”，图示详见中文版《时间的种子》174 页（参：杰姆逊 F，王逢振，时间的种子［M］. 北京：中国人民大学出版社，2018.）。（译者注）

图式，表现出了现代建筑中风格与战略的复杂性。

很明显，塔夫里、弗兰姆普顿、杰姆逊三人秉持着共通的历史观。无论他们之间直接的影响关系到底是如何的（注4），可以看出，他们以辩证法的方式对历史进行描绘的这种“规划＝计划”的共通性。类似这样，通过和弗兰姆普顿以及杰姆逊进行比较，我们是不是就能够明确塔夫里之于现代的意义了呢？在《球与迷宫》之中，塔夫里在对先锋派的冒险式的、悲剧式的历史进行描述时，尽力避免将事象模式化或单纯化，而是多面地、复杂地进行了描述。与之相对的，弗兰姆普顿所关注的则是和前卫（avant-garde）形成对比的“批判的地域主义（后卫）”。当然，从这两者之中也可以读出互补关系。杰姆逊一边操作着图式，一边对事象进行整理，可以看出他试图展示出更为复杂化了的现代先锋派的样貌。也就是说，我们可以将三人的理论作为有着共通历史观的同一层面上的三个视角来进行理解。至少我们可以在他们的关系中找到塔夫里在其中的相对的位置，那么关于未来的可能性是不是也就可以具备更加广阔的视野了呢？

城市和周边　各自不同的舞台

通过和弗兰姆普顿的比较还可以明白的另一个侧面，就是塔夫里对于城市的偏向。批判的地域主义作为后卫，恰如其名地以乡土的城市周边为对象，先锋派（前卫）则是以城市为其志向所在。在该书的第五章中，对苏联的城市规划中的城市集中派和田园分散派，以辩证法的方式进行了描述。社会主义国家都陆续地加强了和城市部分的关联，这一过程大概是必然，把它和塔夫里的思想重合起来思考一下的话是很有意思的。在该书中，不是田园，而是先进的城市，才是球与迷宫对立与交织相互辩证的舞台。

在该书中，以最为戏剧性的方式将这一辩证法进行展示的，就是德国魏玛的建筑家、城市规划家路德维希·西贝尔塞默（Ludwig Hilberseimer）的城市规划。伴随着经济的发展，理解了大城市重要性的西贝尔塞默得出了“城市=资本对其自身进行规划”的这一辩证法式的结论。“单是由于上位国家经济的程序化，就可以使大城市印象之根源的‘多样性’和生产资本主义的混杂，被填入到‘铸型’之中并被支配起来。（注5）”

将大城市（metropolis）中球与迷宫的辩证法以更为象征性地表现出来了的，可见于库哈斯1972年发表的名为“队长的手套——拿到球的城市”的设计项目。棒球手套（glove）被拘束于曼哈顿的网格（grid）这一迷宫之中。此项目作为全球化下的局部规划，将“球”的出现以象征性的方式呈现了出来。（注6）

进而，当对大城市的重要性进行思考时，（我们今日所讨论的）具有意义的框架，大概并不是杰姆逊所提案的图式中的上下项、高度现代主义与后现代主义，而是肮脏现实主义（城市）与批判的地域主义（周边）的关系之中。在这里有趣的是，从高度现代主义（球）与后现代主义（迷宫），到肮脏现实主义（迷宫）与批判的地域主义（球），球与迷宫的关系一边缠绕扭曲一边更为复杂化。杰姆逊在批判的地域主义中对地域的概念是这样进行说明的，“和从整体上看来规格化的世界体系之间有着紧张的关系，在文化上具有一贯性的连贯地带（注 7）。”批判的地域主义和“规格化的世界体系”是对立的，是相抵抗的。这和单纯的地域主义是不同的。像这样在“世界体系和批判的地域主义”“批判的地域主义和地域主义”之中产生出来的“紧张关系”，也就是在《球与迷宫》之中被多次提及的（互补式的）紧张关系。关于球与迷宫的讨论，通过城市与周边或全球与地方等这些极点之间，不断拓展了讨论的范围，概念与关系一点点地扭曲变形和复杂化，继承和发展了球与迷宫的这一模式。

差异性和互补性　面向 LATs 读书会

最后，对该书和 LATs 读书会之间的关联性进行考察。LATs 读书会的第四回所阅读的多木浩二的《可以生活的家》之中有以下的这样一段记述。

“如果从规划或者设计的视角来思考的话，那么未来就只能照其所展开的那样放在那里。规划和经验的偏离与差异，对人来说是本质性的问题。而且这两方面（规划和经验）都是人类活动的实事，有一部分人除了规划的之外全都视而不见（也就是说只看到由理性所构成的世界），对于这些人来说这种偏差（规划和经验的偏离）是缺陷，对于大众来说，这（规划和经验的偏离）才正是蕴含了根本性问题的要素（注8）。”

这里多木所指出的“规划和经验的偏离”，在《球与迷宫》之中是以这样的形式来描述的，比如说，计划经济和先锋派的理想与现实。历史如果也是规划而成的，那么必须要提出的问题，就不仅是规划成功与否，更重要的是由于规划而确实导致了的偏离和差异。分析对象虽然并不相同，但多木和塔夫里的问题意识在这一点上正好重合在一起。我认为这一重合点的意义不可小觑。

进一步延伸开来看，以球与迷宫的辩证法式的思考方式所进行的分析，仍然是有效的。在《可以生活的家》中提出的规划和经验之间的偏差，在《球与迷宫》之中也被作为问题提出了，这在前文中已经进行了阐述，在上一回LATs读书会阅读《美国大城市的死与生》时提出的近代城市规划理论和雅各布斯的理论之间的关系，可以作为球与迷宫的对应关系来进行阅读。当时的雅各布斯已经看到了不是作为规划而成的城市（球）而是作为迷宫的大城市的价值，但她并没有认为球与迷宫是互补的关系，从始至终，都只是对城市设计者或建筑家们进行单方面的批判。从这个角度，大概可以看出雅各布斯的局限性与可能性（顺便说一句，作为雅各布斯的理想的大城市，应该也可以被称为“可以生活的大城市”）。还有，矶崎新在《建筑中的日本性》里也提出了日本建筑史的壮大图景是被“规划 = 计划”而成的。他看出了提案的构图和现实的经验两者之间的差异，对这一点所具有的意义进行思考的话，无疑将会带来新的发现。

注

（1）曼弗雷多 · 塔夫里，《球与迷宫》，八束はじめ、石田寿一、鹈泽隆译，PARCO 出版，1992 年，349 页。

（2）肯尼斯 · 弗兰姆普顿，《反美学——后现代主义的诸相》，室井尚、吉冈洋译，劲草书房，1991 年，47 页。

（3）肯尼斯 · 弗兰姆普顿，《反美学——后现代主义的诸相》，48 页。

（4）至少，这两位的著作中有多处对塔夫里的引用。

（5）曼弗雷多 · 塔夫里，《球与迷宫》，296 页。

（6）雷姆 · 库哈斯，《错落的纽约》，铃木圭介译，筑摩书房，1995 年，488 页。库哈斯也同塔夫里和弗兰姆普顿一样曾经在纽约建筑都市研究所工作过，在《球与迷宫》的第六章中关于摩天楼的讨论，和库哈斯的著作《错乱的纽约》有着相通之处。

（7）弗雷德里克·杰姆逊，《时间的种子》，松浦俊辅、小野木明惠译，青土社，1998 年，240 页。

（8）多木浩二，《可以生活的家——经验和象征》，岩波现代文库，2001 年，201～202 页。

被压抑的现代主义的回归

难波和彦

《球与迷宫》的原著（意大利语版）是于 1980 年出版的。日语版的发行是在 1992 年。原书出版已经过了三十年以上，拿这本书在今天来阅读的意义何在呢？同样的问题适用于在 LATs 读书会中所列出来的所有图书，但关于《球与迷宫》，我觉得尤其应当批判性地提出这一问题。这是因为此书是一本关于现代主义的建筑与城市的批判性的历史书，而且在编写时就已经暴露在同样的问题下，此书正是作为对此问题的回答才被撰写而成。

在我看来，在东日本大震灾之后对该书进行阅读有着特别的意义。这是因为在灾后复兴中，处于现代主义中核心位置的“规划”这一思想，毫无疑问地是以某种形态被再评价了。道路、港湾、铁路、生命线等基础设施的修复中，城市层级的规划是必不可少的。然而若将一切都进行自上而下的规划就是时代的错误了。在我看来，此书中塔夫里的现代主义批判，正是对这一界限进行了界定。

“球”是“计划/规划 = 秩序”，“迷宫”是“混沌（chaos）=无秩序”。该书可以说是关于现代主义建筑中计划和混沌（chaos）之间的交织对立的历史层面的案例研究。特别是，该书的一个独特之处，是将焦点放在了现代主义中对公共住宅的规划上。通常的现代主义建筑史，基本上不会涉及住宅问题。但是在该书中，对于现代主义的中心命题就是对公共住宅规划这一点进行了详细的查证。在 20 世纪 80 年代新自由主义带来的民营化在全球层面的浸透之后，究竟什么样的“计划/规划”才有可能呢？从这个意义上，该书在关于这一问题的思考上给出了重要的提示。

对塔夫里的体验

我曾经和曼费雷多·塔夫里有过一面之缘。1982 年在日本举行了关于意大利文艺复兴时期建筑家帕拉迪奥㊀的

㊀ 帕拉迪奥，Andrea Palladio（1508—1580），《建筑四书》/*The Four Books of Architecture* 的作者。（译者注）

研讨会，塔夫里作为评论人被邀请到这里。当时的日本流行引用前近代建筑，就是所谓的后现代历史主义的设计。我是在 20 世纪 70 年代末对威尼斯和维琴察[一]等意大利北部的一些城市进行了探访，去看了一系列帕拉迪奥的建筑，因其明晰的理论性和透明的空间性而受到了震撼，至今还记忆犹新。而且《帕拉迪奥——世界的建筑家》（福田晴虔，鹿岛出版会，1979 年）也对日本学界理解帕拉迪奥产生了很大的影响。

接受了像包豪斯这样的对历史建筑进行全面否定的现代主义设计思想之洗礼的建筑师们，将前近代的西欧建筑和现代建筑进行联结的想法，对于他们来说，连有都不会有。但《手法主义与近代建筑——柯林·罗[二]建筑论选集》（伊东丰雄，松永安光译，彰国社，1981 年）和《建筑的复杂性与矛盾性》（罗伯特·文丘里著，伊藤公文译，鹿岛出版会，1982 年），则是将两者结合的范本。当然也受到了这些著作的影响，那些对后现代主义抱有共感的建筑

[一] 维琴察，Vicenza，意大利东北部的一个城市。这里有圆厅别墅（La Rotonda）、奥林匹克剧院（Teatro Olimpico）等许多由帕拉迪奥设计的建筑作品。（译者注）

[二] 柯林·罗，Colin Rowe，コーリン・ロウ；《手法主义与近代建筑》/ *Mannerism and Modern Architecture*/《マニエリスムと近代建築》；手法主义，矫饰主义，Mannerism，マニエリスム，文艺复兴后期以意大利为中心的一种艺术风格。（译者注）

家们，在自己作品的构思中，对于能引用多少西欧建筑形象方面相互攀比起来。其中尤其突出地开展了活动的建筑家，就有矶崎新。他在关于帕拉迪奥的研讨会上做了汇报，将自己的作品和帕拉迪奥的建筑对照并进行说明。听了这个汇报的塔夫里，当时是怎样的一种不愉快的表情，在我记忆里留下了十分深刻的印象。也许矶崎新是想要从他特有的讽刺式的思考出发，来对日本人面对西欧时的自卑感进行建筑化的尝试。但与之相反，在塔夫里看来，位于极东之处的岛国的建筑家，引用帕拉迪奥的必然性在什么地方呢？一定不可谓不诧异。从塔夫里自身的现代主义建筑史观来看，后现代历史主义本身就是退废堕落的设计。研究塔夫里的八束はじめ（Yatsuka Hajime）是这样说的，当时的塔夫里总结了《建筑与乌托邦[㊀]》（1973 年）、《建筑的理论[㊁]》（1976 年）、《球与迷宫》（1980 年）这一系列现代主义建筑论，对于从现代主义至当时那段时间里建筑在历史上的发展，他抱有十分悲观的评价。并且在 20 世纪 80 年代后，塔夫里舍弃了作为现代建筑评论家的立场，而是作为建筑史学家回归到了正统的研究活动中。

㊀ 《建筑与乌托邦》/*Architecture and Utopia*/《建築神話の崩壊》，塔夫里，1973 年。（译者注）

㊁ 《建筑的理论》/*Teoria e Storia dell'Architettura*/《建築のテオリア》塔夫里，1976 年。（译者注）

对现代主义的二义批判

日本的建筑家，对于明治时代以后西欧式的近代化（modernization）有了明确的自觉，是在第二次世界大战以后。在那之前的建筑家只是对现代主义建筑的表面形式进行模仿罢了。作为近代化的文化自觉，近代主义（modernism）设计，基本上对前近代的设计是持否定态度的。在大学中的建筑教育也是如此，设计教育和建筑史教育是完全分离的。然而到了20世纪60年代的后半叶，战后急速的近代化所带来的各种各样的问题喷涌而出，与此同时并行发生的，是与现代主义设计对立的、后现代主义设计的蓬勃兴起。后现代主义通过对前近代历史的再评价，而明确了现代主义自身的历史性。这一潮流的开拓者是前面举出的柯林·罗和罗伯特·文丘里等人，但其中从最根源层面对现代主义进行了批判的，则是塔夫里。

读了《球与迷宫》就可以明白，塔夫里的现代主义批判，并不只是将现代主义反历史主义和相对的后现代主义历史主义进行对置，这种单纯的构图无法容纳塔夫里的二义批判。他剜出了现代主义深处潜藏着的历史性，并试图明确它的可能性和界限。对于现代主义，塔夫里采取了这种二义的态度，理由就是他的历史观受到了法兰克福学派的西奥多·阿多诺[一]、马克斯·霍克海默[二]和在其周边活动的瓦尔特·本雅明等马克思主义者的强烈影响。就像在《球与迷宫》中详细论述的那样，在包豪斯或俄罗斯先锋派等这些20世纪20年代的现代主义设计运动之中，马克思主义思想以十分浓厚的色彩参入其中，所以对塔夫里来说，也无法对现代主义进行单纯的否定。

在该书的序言“名为历史的规划=计划”中，塔夫里主张，记述历史这件事就像设计一样是有着明确意图的，是一种规划=计划。也就是说由塔夫里所记述的历史是基于马克思主义历史观的。和此问题相关的，塔夫里在《建筑的理论——历史空间的回复》（1976年，八束はじめ译，朝日出版社，1985年）之中说到“哪怕批评是存在阶级的，建筑也是没有阶级的”，在塔夫里看来，从意识形态视角出发的建筑批评是有可能的，但对思想进行表现的建筑是不存在的。

㊀ 西奥多·阿多诺，テオドール·アドルノ，Theodor Ludwig Adorno（1903—1969），德国哲学家、社会学家、音乐评论家、作曲家，法兰克福学派第一代的主要代表人物，社会批判理论的理论奠基者。其著作有《启蒙的辩证法》《否定的辩证法》《美学理论》《权力主义人格》等。（译者注）

㊁ 马克斯·霍克海默，マックス·ホルクハイマー，Max Horkheimer（1895—1973），德国哲学家、社会学家，法兰克福学派的代表人物。其和西奥多·阿多诺共著《启蒙的辩证法》，还著有《工具理性批判》《批判的理论》等。（译者注）

一般来讲，大家都认为建筑家是试图在建筑设计中表现自己的思想的。从建筑家先持有某些意图再融入设计中这个层面来看，的确如前文所说。但是在已经完成的建筑身上，还能否读出和当初意图一致的思想是无法保证的。作为建筑史学家的塔夫里的一系列建筑史研究，是围绕着建筑家们试图在建筑中表现出来的思想=意识形态到底能不能被后人所解读理解——这一问题进行展开的。而最终他得出的结论是，那是不可能的。塔夫里的上述主张意味着，思想和建筑之间的关系，存在也只存在于建筑史学家的意识形态式的解读中。《球与迷宫》中“球”和“迷宫”的隐喻，是在主张以秩序为目标的规划势必带来无秩序，这也可以看作是前一主张的另一种讲法。

在该书中，塔夫里从18世纪的皮拉内西㊀（Piranesi）开始说起，到20世纪20年代欧洲、俄罗斯、美国的现代主义设计运动，到60年代的詹姆斯·斯特林㊁、阿尔多·罗西㊂、路易斯·康，再到70年代的罗伯特·文丘里和白

㊀ 乔凡尼·巴蒂斯塔·皮拉内西，ジョヴァンニ·バッティスタ·ピラネージ，Giovanni Battista Piranesi（1720—1778），意大利画家、建筑师。（译者注）

㊁ 詹姆斯·斯特林，ジェームズ·スターリング，Sir James Frazer Stirling（1926—1992），英国建筑师。（译者注）

㊂ 阿尔多·罗西，アルド·ロッシ，Aldo Rossi（1931—1997），意大利建筑师、建筑理论家。（译者注）

派、灰派建筑师，对他们的作品进行了详细的探讨。其中一以贯之的论点是，现代主义已经慢慢失去了社会层面的视角，而只是将现代主义建筑的样式给描摹了下来，零落为形式主义设计（formalisme design）的历史。该书是在20世纪90年代冷战终结之前写成的，所以对冷战时期社会主义诸国的建筑并未涉及，但是可以看一下他对20世纪30年代开始的斯大林时期的建筑设计的相关论述，基本的论调没有改变。

曼费雷多·塔夫里与铃木博之

我还是大学生的时候，是20世纪60年代的后几年，当时现代主义设计教育还保留着浓重的色彩。就像前文谈到的，虽然是有西洋建筑史和日本建筑史的课程，但和设计制图课的教育之间毫无关系。本来担任设计教育的教员就是对历史上的样式设计是全面否定的。当时，由弗兰克·劳埃德·赖特所设计的日比谷的帝国酒店即将被解体，所以我们学生趁还有机会，都到现场去参观学习，都被那纤细又大胆的空间构成所震撼。在那之后的设计制图课上就有学生设计了和帝国酒店相似的瓦屋顶，结果被教员特别严厉地批评了一通，这些还鲜明地留在我的记忆中。然而时间到了20世纪60年代末，向着后现代主义的转换突然急速推进，建筑史和建筑设计一下子展现出了十分紧密的关系。像前文中说过的那样，西洋建筑史成为引发建筑设计的 idea，像是产品目录册一样的存在。

塔夫里的存在被日本建筑界广泛知晓是在 20 世纪 70 年代后几年，通过 *a + u* 杂志和《建筑的文脉　城市的文脉》（八束はじめ，彰国社，1979 年）。铃木博之的《建筑的世纪末》（铃木博之，晶文社，1977 年）的出版差不多是同一时期。可以说是塔夫里在日本的代言人的八束はじめ，由于他对铃木著作写的批判性书评，引发了一场铃木和八束之间关于现代主义建筑史观的激烈讨论与交锋，这是直到现在还在被讨论的事件。然而在当时的我看来，塔夫里和铃木本来就是有着相似历史观的建筑史学家。两者同样地，没有以进化论的方式来看待建筑史，而是将其作为以一种“败者的历史”来理解的。而且，关于建筑和思想之间错综复杂的关系，他们认为不能像现代主义所做的那样，以一般的方法来看待，在这一点上也是共通的。两人的相异点，比如，相对于塔夫里是对现代主义的内在层面进行批判，铃木则是从前近代（pre-modern）这一外部出发来展开对现代主义的批判的。相对于铃木的聚焦于 19 世纪的英国，塔夫里则主要将焦点放在欧洲大陆的现代主义之上。当我能够理解到他们两者之间微妙的，然而却是根本上的不同时，是到了 20 世纪 80 年代过半的时候。

1985年《建筑的理论》的日语版出版时，我在*SD*杂志（1986年1月号）上写了一篇书评。当时我以“历史化=脱神话化又是另一个‘传统’”为标题进行了以下的评述，认为塔夫里的将反历史的现代主义在历史中赋予地位、脱神话化=相对化企图的观点，和现代主义一样，很难说不是另一种传统。我所依据的是罗兰·巴特[㊀]在《神话作用》（筱泽秀夫译，现代思潮社，1983年）中所主张的“今后针对神话化的最好的武器，就是将神话进行神话化，或是制造出人工的神话”这样的理论。也就是，通过主张塔夫里的历史化=脱神话化的操作是另一种的传统，从而将受到了现代主义的这种传统洗礼的我们自身的立场，进行相对化的一次尝试。基于瓦尔特·本雅明的《复制技术时代的艺术作品》而写成的该书的第二章，“作为‘付诸等闲才可获得的题材’的建筑与批判的注视的危机”，是一篇留存于记忆中的重要的论文，受此启发，进行展开后成为了我之后的文章《建筑的无意识》（《建筑的四层构造》，INAX出版，2009年，所收录）。

就这样，我经由八束はじめ到达塔夫里和铃木博之之中，学到了面对建筑的历史视点。当面向像希格弗莱德·

㊀ 罗兰·巴特，ロラン・バルト，Roland Barthes（1915—1980），法国哲学家、批评家。代表作有《写作的零度》《神话》/《神話作用》《符号学基础》等。（译者注）

吉迪恩[一]和尼古拉斯·佩夫斯纳[二]这些现代主义建筑史学家时，我是通过塔夫里和铃木，以逆远近法的方式来接近和研究的。像这样，我将观点进行了浓缩和总结，在1986年的《都市住宅》杂志上以读书日记的形式“难读日记”进行了连载。1986年2月号杂志中登载的随笔《历史所织出的和弦》，是我将建筑史和后现代主义理论之根本的符号论进行联结的尝试。

现代主义的回归

2011年8月末，我第一次来到了莫斯科，是为了去看俄罗斯革命后的20世纪20年代的俄国构成主义建筑。这是只有两天时间的短期旅行，可以去到的只有比较接近于城市中心的以下这几个建筑，康斯坦丁·梅尔尼科夫[三]设计的鲁萨科夫工人俱乐部、巴士练车场的汽车库、梅尔尼

㊀ 希格弗莱德·吉迪恩，Sigfried Giedion，ジークフリート・ギーディオン（1888—1968），瑞士建筑史学家、城市史学家、建筑评论家、美术评论家、建筑与城市的研究者。（译者注）

㊁ 尼古拉斯·佩夫斯纳，Sir Nikolaus Pevsner，ニコラス・ペヴスナー（1902—1983），德裔英国美术与建筑史学家。（译者注）

㊂ 康斯坦丁·梅尔尼科夫，Konstantin Stepanovich Melnikov，コンスタンチン・メーリニコフ（1890—1974），俄罗斯建筑家，20世纪初俄罗斯构成主义、先锋派的代表人物之一。（译者注）

科夫自宅，伊利亚·戈洛索夫㊀设计的苏耶夫工人俱乐部，以及莫伊塞·金兹伯格㊁设计的纳康芬官员宿舍，勒·柯布西耶和尼古拉·科利㊂设计的莫斯科消费者合作社中央联盟大楼㊃。苏耶夫工人俱乐部的一部分架设了新的屋顶，现在依然在使用中，巴士汽车库被转变为展览画廊，消费者合作社中央联盟大楼当时正在改造中。鲁萨科夫工人俱乐部和梅尔尼科夫自宅都是损伤较重的状态被放置在那里。纳康芬官员宿舍是最为悲惨的，完全没有实施修复计划，几乎变成了废墟。

在如今已经资本化了的俄罗斯，那些二战以后建造的斯大林风格的建筑至今依然被使用着，而战前的近代建筑总的来说是被冷落的。这也许是因为，对基本没有装饰的直接的设计以及对功能性的追求，使得建筑空间被削减和压缩，从而无法适应之后的功能或流程的变化。不管怎么说，承担着现代主义建筑一面旗帜的俄罗斯构成主义建筑，在经过了八十多年以后，确实可以看到它所体现出的现代主义“计划”的界限。

㊀ 伊利亚·戈洛索夫，Ilya Golosov，イリヤ・ゴーロソフ（1883—1945），俄罗斯建筑家。（译者注）

㊁ 莫伊塞·金兹伯格，モイセイ・ヤコヴレヴィチ・ギンズブルグ，Moisei Yakovlevich Ginzburg（1892—1946），俄罗斯建筑家，被誉为“俄罗斯构成主义理论的指导者”。（译者注）

㊂ 尼古拉·科利，ニコライ・コリィ，Nikolai Kolli（1894—1966），俄罗斯建筑家。（译者注）

㊃ 消费者合作社中央联盟大楼，Tsentrosoyuz Building，1928—1935。（译者注）

鲁萨科夫工人俱乐部

巴士练车场的汽车库

梅尔尼科夫自宅

苏耶夫工人俱乐部

纳康芬官员宿舍

消费者合作社中央联盟大楼

那么，在2011年以后重读塔夫里的意义又何在呢？对于20世纪90年代后现代主义所主张的“大叙事”，塔夫里的一系列现代主义批判揭示了其理论背景，那就是不能以单一且巨大的“球 = 计划 = 叙事”为目标。但同时，20世纪80年代以后的新自由主义经济所主张的自由放任的“迷宫 = 混沌”，结果却带来了跨国资本的巨大化，只是激励并扩大了经济差距。正确的答案应该存在于“球和迷宫”的中间，或者是在两者被止扬㊀的地方。

东日本大震灾的复兴计划，大概会成为这一命题的试金石。这次的震灾是超越了地域规模的巨大尺度上的灾害，所以国家层面的复兴政策是不可缺少的。但这不应该被自上而下地执行，而应该对各地区自主地自下而上的规划进行统合和支持。在复兴计划中，不仅要重建生产设施，还应该把住宅和居住环境的再建放在中心位置上。通过将住宅的重建与生产相挂钩，加速灾后复兴的速度。“球与迷宫”不是对立的，而是互补的存在。正因为有计划，混沌才会浮现出来，正因为混沌的浮现，更进一步的计划才得以推进。这次的震灾复兴无疑将会带来被新自由主义思想压制已久的现代主义规划思想的回归。

㊀ 止扬，奥伏赫变，aufheben。其指某事物一边作为其自身被否定，一边却以更高阶段的形式得以新生。相互矛盾的事物在更高阶段被统一或解决。（译者注）

3.3 读：伊里亚·普里戈金、I. 斯唐热《从混沌到秩序》[一]

Noisy 的规划学

中川纯＋田中涉

时间是普里戈金一直以来所探求的问题。伊里亚·普里戈金在俄国大革命的那一年出生于莫斯科，之后离开苏联，经由柏林到达了布鲁塞尔。成长于法语圈的比利时，使他在很早的时候就接触到了柏格森[二]，于是他就对时间产生了兴趣，这一轶事也许在他成长经历上起到了一定的作用。1977 年，由于“与非平衡系的热力学相关的业绩”而获得了诺贝尔化学奖的普里戈金，向着牛顿的《自然哲学的数学原理》持续了三个世纪以来的牛顿世界，也就是可逆的世界之中，带入了不可逆的时间。他的世界观，可

㊀ 中文版的书名为《从混沌到有序》，上海译文出版社，2005 年。鉴于“有序”和“秩序”涵义有所不同，此处参照日文标题译为“秩序”。（译者注）

㊁ 亨利-路易·柏格森，アンリ＝ルイ・ベルクソン，Henri-Louis Bergson（1859—1941），法国哲学家，著有《创造进化论》《道德和宗教的二源泉》等书。（译者注）

以说是在生物学与物理学、偶然与必然、自然科学与人文科学等两两分裂了的西洋式的思考之上架起了相连的桥梁。“为了能够首尾一致地记述我们所生活居住着的这个奇妙的世界，这种两两概念也是有必要的（注1）。”

设计活动的实践者们，对于决定论式的设计行为和不可逆的时间这两者之间的gap，感到十分棘手。普里戈金的世界观不是那么容易地就可以适用于设计规划中的，但自此，在规划和设计时，要理解到恰恰在这种gap之处才是希望之处，这正是该书所教给我们的。

虫瞰式的都市理论

耗散结构[㊀]的视角被作为复杂系的科学而被广泛地应用在生态学、社会学、经济学等领域，自组织、复杂性、时间等概念也开始扮演起新的角色。在史蒂文·强森的《涌现[㊁]》中介绍了许多相关事例。

㊀ 耗散结构（dissipative structure），关于耗散结构的理论是物理学中非平衡统计的一个重要新分支，由普里戈金于20世纪70年代提出。差不多同一时间，物理学家赫尔曼·哈肯（H. Haken）提出了从说明研究对象到方法都与耗散结构相似的“协同学”（Syneraetics），现在耗散结构理论和协同学通常被并称为自组织理论。（译者注）

㊁《涌现》/*Emergence*：*the connected lives of ants*，*brains*，*cities*，*and software*/《創発―蟻・脳・都市・ソフトウェアの自己組織化ネットワーク》，史蒂文·强森，Steven Johnson，スティーブン・ジョンソン。（译者注）

首先是被誉为人工智能之古典的一个模型，由奥利佛·塞尔弗里奇[㊀]在他的论文《万魔殿》（1959年）中为了设计出可以自动识别文字的系统，而提出的一个可以自我改善从而能够处理此问题的进程模型（process model）。这一模型并不是可以认识所有文字的聪明程序，而是先制作出只对单一的形进行识别的低级程序的集合，再在高级的程序中以形的信息为基础进行文字推定等命令[㊁]。被推定出的文字再通过反馈来强化形和文字之间的联合，通过这一系列程序的反复运作从而提高文字识别的精度。除此之外，书中还将神经细胞、蚂蚁的巢穴等作为这些模型和系统的事例进行了介绍，开始于低次的、有一定规则的、个别体的集合并向着高次的系统来运作的自下而上的模型（model），或者是自组织化系统中的个体在不把握全体的情况下自行行动却可以得到维持着有秩序的全体。在关于城市的部分，他对简·雅各布斯的《美国大城市的死与生》进行了如下的引用。

“古代城市之所以能够发挥良好的功能，是因为具有

㊀ 奥利佛·塞尔弗里奇，オリバー·セルフリッジ，Oliver Gordon Selfridge（1926—2008），美国人工智能研究者，被誉为“机械知觉（Machine Perception）之父”。（译者注）

㊁ 由低级的“数据恶魔”（Data Demons）程序和高级的“认知恶魔”（Cognitive Demons）程序，协同完成模式识别及其他任务。（译者注）

乍一看上去是无秩序的，但却有着能够维持街道安全和城市自由的非常优良的秩序，即是复杂的秩序。其本质存在于对人行道利用的亲密度之中，而且它伴随着时时刻刻在发生着的变化。这一秩序的全部都是由移动和变化所构成的。即便不称它为艺术而称它为生命，也应当注意到这是一种城市艺术的样式，甚至拿舞蹈做比喻也是合适的——全员同时把脚上抬、整齐地回转后一起鞠躬，不是单个单个细胞严密地舞动，而是每个不同个体的舞者或者是合奏中的各部分，彼此之间奇迹式地相互强化，构成有秩序的整体，构成复杂的芭蕾（注2）。”

雅各布斯从对街道和商店，对城市的观察中察觉并证明了，通过顺应细微而个别的心意而产生的变化，发展成了复杂的、有魅力的街道景观。她的都市理论之所以会被作为复杂系的模型来看待，其原因也在于此。雅各布斯在最终章“城市属于什么种类的问题呢”中，对诺伯特·维纳㊀科学思想中关于历史的发展这一部分进行了详细的探讨，并指出近代城市规划学基本上都在无意识地对物理学进行模仿。她对城市规划是这样批评的，一贯以统计的方式对城市进行着捕捉，却没有达到建立起组织、处理复杂

㊀ 诺伯特·维纳，ノーバート・ウィーナー，Norbert Wiener（1894—1964），美国应用数学家，控制论的创始人，是随机过程和噪声过程的先驱。（译者注）

问题的水平。这和普里戈金对近代科学的历史的批评意见是重合的。如果不将城市作为组织化的、具有复杂性的问题来认识的话，那么无论是对城市进行分析，还是进行规划，都是不充分的。当我们开口针对所居住的这一奇妙的街道谈论些什么的时候，鸟瞰式的都市理论和虫瞰式的都市理论，这两方向的视角都是必要的。

转用的规划学

近年，伴随着数字技术的发展，对应用复杂系科学的设计手法开始热烈地讨论起来。研究出了，例如通过增加设计条件参数，用算法生成复杂形态的方法，应用 CFD（Computational Fluid Dynamics 计算流体动力学）原理从模拟中导出最佳形态的方法等。然而这里想要探讨的，并不是复杂系科学应用于形态操作的方法论，而是想围绕“将不可逆的时间融入建筑设计中”这一命题来进行一些思考。从实际案例来看，一方面，发电站摇身一变成了“泰特美术馆”，屠宰场转变为上海商业设施的“一九三三”等，对具有魅力的空间进行用途转化的案例很多；另一方面，融入了新陈代谢思想的 metabolism（新陈代谢派）建筑群，却未能如其初所畅想的那样，反而被拆毁了。关于新陈代谢派未能解决的时间和空间的隔阂问题，多木浩二在《可以生活的家》中是这样论述的。

“在某一个时间点被制作出来的建筑，和其后所发生的社会状况的变化，这之间的分歧（gap）苦恼着众多建筑家。这一分歧的解决之关键，需要将建筑的空间作为和时间相联结的问题来考虑，‘增长繁殖的建筑’‘成长的模式（pattern）’等各式各样的 idea 被提出来，一时间成为热烈讨论的前卫话题……并没有能够充分地理解到‘所规划的’和‘所经历的’之间的差异。这就造成了，变化是被预想的，时间解释是预设调和的，而很有可能会造成人们将自己固封起来的结果（注 3）。”

如果想把新陈代谢作为复杂性的问题来重新解释的话，就不能把它看作是时间可以被预测的，而是要作为不可逆的非线性的事物来认识。由外部要因所诱发的微小的摇摆，在自组织化和涌现的世界中，各个摇摆之间的相互作用是重要的，而将现象分解为一个一个的要素然后再进行构筑，从原理层面就是不可能的。

另一方面，所谓转变用途，就是把原本的功能剥离，之后再赋予以新秩序的一个必然化的过程。在意大利有许多散布着的圆形竞技场，在变换的时光中也曾有被转变为居住用途的事例。阿尔多·罗西在《城市建筑》（日文版，大龙堂书店，1991 年）中对圆形竞技场的用途转变进行了如下的描述。

“圆形竞技场被西哥特人（Visigoth）改为了堡垒，它自身就围成了一个小型的城市，环抱着两千人的居民在其内部……圆形竞技场有着整齐精确的形态，明确地体现着它的功能。这本来就不是作为无造作的容器来考虑和设计的，岂止如此，它的结构、建筑表现以及形态都是经过绵密的思考和费尽心思后才得到的。然而包围着它的外部状况的变化，可以说是人类历史上最为戏剧化的一个瞬间，其功能被彻底颠覆，圆形剧场演变成了城市。它不仅是剧场＝城市，也是堡垒。它所围住的，它所守护的，曾是一个完整的城市。（注4）”

圆形竞技场，从作为竞技场，到要塞，再到住居的用途转变的过程，在黑田泰介的研究（注5）和中古礼仁的《セヴェラルネス》/*severalness*（鹿岛出版会，2005/2011年）中都有详细的描述。据其所述，建筑在被剥夺功能并转换用途的过程中，必然地受着时代的制约，一旦处于被夺取了功能的状态，城市里的人们就可以看清潜藏在建筑形态中的可能性之极限，在此之上才会具备适应性的使用。在侵略的时代，圆形竞技场以其牢固性发挥了要塞的功能，时代改变后，起到支配地位的体制安定了下来，要塞被荒废，人们开始进入其中非法居住。经济发展之后，住所成为紧急的需求，圆形竞技场由于有着和住所相近的尺度，只要施以最小限度的操作就可以转化为集合住宅。这一集合住宅又继续向外部扩张，最终转变成了城市。这一过程可以被解释为，“不可逆的时间和功能之间的断绝”和“城市里居住的人们生成的 noise[㊀]” 组合交叉在一起后，流转成了“新的建筑形式”。

Noise 的有意识地适用

无论某一个系统是否依照决定论的法则产生变化，只要全体呈现出复杂的样貌，系统就会向着更高的秩序接近。但是，即便像雅各布斯的都市理论或圆形竞技场的用途转换过程这样，可以从对现象的观察或对历史的验证中得出“从混沌到秩序”，但仍无法将其应用为可以对未来进行预测的方法论。而且，即便利用计算机在系统中使用复杂系模型是可行的，但人类是混杂无秩序（noise）的，根本无法单纯地进行模型化。那么，我们可以从复杂系的科学中学到些什么呢？《从混沌到秩序》和以下的这段话牢牢联系在一起。

“作为一种希望，可以这样想，即使是微小的波动也会成长，也可以改变全体的构造。在此基础上，每一个个别的活动不会是无意义之事的命运。（注 6）”

复杂系的科学，作为对事象进行恰当把握的手段是行

㊀ noise，噪声、噪点，在这里有混杂的、无规律的、非主流的、无数小波动、小摇摆的意思。（译者注）

之有效的，但是并不适用于作为规划设计的方法论。倒不如说，我们既要接受这种不可能性，也要从这种明确的假说式的判断中学习到——恰恰是这种不断形成反馈、又决定论式地反复发生的“noisy”的实践，才是希望之所在。

注

（1）浅田彰，《时间和创造——对伊里亚·普里戈金的访谈（采访者：浅田彰）》，*Inter Communication*，23号，NTT出版，1998年。

（2）史蒂文·强森，《涌现》/*Emergence*：*the connected lives of ants*，*brains*，*cities*，*and software*/《創発ー蟻·脳·都市·ソフトウェアの自己組織化ネットワーク》，山形浩生译，Softbank Creative，2004年，49~50页。

（3）多木浩二，《可以生活的家》，岩波现代文库，2001年，201页。

（4）阿尔多·罗西，《城市建筑》，大岛哲藏、福田晴虔译，大龙堂书店，1991年。

（5）黑田泰介，《关于古代罗马圆形斗技场遗构的住居化——关于意大利城市中古代罗马竞技场遗构的再利用样态的研究之二》。（URL = http：//ci. nii. ac. jp/naid/110004654650）

（6）伊里亚·普里戈金、I. 斯唐热，《从混沌到秩

序》，伏见康治、伏见让、松枝秀明译，みすず书房，1987 年，403 页。

决定论式的 chaos 教给我们的

难波和彦

我第一次读到《从混沌到秩序》，是在日文译本出版的 1987 年。顺便说一下，原著的法语版是 1979 年出版的，英语版是 1984 年出版的。20 世纪 80 年代后期的日本，正是泡沫经济最鼎盛的时候。混沌理论、复杂系、涨落[一]、分形、不确定性、不可逆性等命题，本来是自然科学中的命题，但在当时的经济学或社会学中也被频繁地使用。这也许是因为这些命题与当时的那种不确定的，无法看到前方的，不断变化的社会状况十分吻合。从世界范围来看，20 世纪 80 年代是各国的社会与经济变革激荡的时代，这些潮流明显地相互波及和影响。但这些只是站在现在的时间点回过头去看，才有可能出现的逆远近法的历史解释。在当时，就算是可以实际感受到时代的激烈动荡，但是近未来具体会变得如何，是完全无法预料的。

该书的书名是《从混沌到秩序》，可以感受到其反映

㊀ 涨落定理，fluctuation theorem，ゆらぎの定理，可以作为热力学第二定律的证明。（译者注）

出的，试图对那种不确定的状况进行积极地、向前地认识的希望。在书中所讨论的新秩序观，在我看来正是提供了与那个时代相符合的视角。如果放在泡沫经济崩坏后的20世纪90年代，那么读者们大概对该书就会从一个完全不同的视角来揣摩了。现在重新来读的话，或多或少会从此书中寻找对当时那种完全看不到前方的闭塞的时代状况给予一些积极理解的启示。

从经典力学到复杂性科学

该书的主题，一方面回溯了从17世纪的牛顿力学至现代的复杂性科学所跨越的约三百年的自然科学的历史，同时介绍了时间的不可逆性在物理学中是如何被证实的之经纬。

就像大家常说的，“在历史中，‘如果’这一问题是个忌讳”。时间即历史是具有不可逆性的，这是常识性的见解。那为什么现如今倒成为一个问题了呢？大家大概会觉得不可思议吧。然而，在被公认为最为客观的科学——物理学之中，时间仍然被认为是可逆的。在宏观的社会科学或历史学中已经是常识的不可逆性，在物理学中却被再认识了，这就是该书的主题。并且在结论部分介绍到，直到最近才好不容易通过微观物理学的语言将时间的不可逆性表示出来。

一般来说，量子力学中的不确定性原理，或一般相对论中时间的相对性，都是被认为客观证明了时间的不可逆性。然而在该书中，直接清楚地指出了这种认识是错误的。历史中的时间是不可逆的，这无论是谁都认同的。然而，物理学中对不可逆的证明，有着超出预想之外的难度。这是为什么呢？

牛顿力学中的时间是完全可逆的。根据19世纪诞生的热力学理论，导入了不同于能量（energy）的熵（entropy）的概念，确立了热化学反应中的能量守恒定律（热力学第一定律）和熵增加原理（热力学第二定律）。熵增加原理表示的是热化学反应的不可逆性的指标，是从统计层面对大量分子的无规则运动的认识。与之相对的，爱因斯坦则认为，时间的不可逆性只是由观测的不正确（人类的无知）而产生的结果，他终生一直相信，时间本质上是可逆的。这被集约在“上帝不会掷骰子”这一爱因斯坦的名言中。哪怕是在量子力学的方程式之中，时间也被作为可逆的、对称的参数而被导入其中。

该书的作者普里戈金和斯唐热，通过在热力学、生物化学、进化论等不可逆一派的理论的基础上进行研究发现了，当初无秩序的系统，在脱离平衡状态的条件之下，在向外部开放之时，一边排出熵，一边又生成了某种秩序。普里戈金，把这种一边生成熵一边生成自组织的秩序称为

“耗散结构”。关于这其中的经纬，该书中进行了如下总结。

“没有前提就不能说‘作为整体的行动’比构成它的基础过程更重要。在远离平衡条件下的自组织化过程，是在偶然和必然之间，是在涨落定理和决定论之间，表现出微妙的交错。虽然越是靠近分歧点，涨落（fluctuation）也就是杂乱的要素就越扮演更加重要的角色，但直到达到下一个分歧点之前，决定论的侧面仍被认为是占有优势的。”（日文版中241页）

这一“分歧点”据普里戈金所说，是时间不可逆性的决定性表现。这样一来时间的不可逆性就和系统的复杂紧密联系在一起了。已存在的最为复杂的系统就是人类社会，其本身即为历史更是不必多说。然而，却无法得到将社会或历史进行模型化的方程式。所以当涉及社会或历史时，“远离平衡条件下开放的系统”就不得不成为一个世界观。这大概是因为在微观物理学中，不可逆性依然是一个不可知的指标吧。关于这一点，普里戈金和斯唐热是这样说的。

“动力学世界，无论是经典的或量子的，都是一个可逆的世界……任何进化都不能归因于这个世界；按动力学单位表达的‘信息’仍然是个常量。所以极为重要的是，某个进化范式的存在现在可以在物理学中确立起来，不仅在宏观描述层面上，而且在一切层面上，当然，这得有一定的条件。正如我们所看到的那样，一定要有最低限度的复杂性。不过，不可逆过程的极端重要性表明，我们感兴趣的大多数系统是满足这个要求的。显然，对定向时间的理解水平随着生物组织水平的提高而提高，很可能在人类意识中达到它的最高点。

这种进化范式究竟有多么普遍呢？它包括孤立系统（它们要演变成无序）和开放系统（它们要演变成越来越高级的复杂形式）。毫不奇怪，熵这种隐喻已经吸引了不少作者用它去论述社会或经济问题。显然，在这里我们必须十分小心；人类并非动力学的研究对象，向热力学的过渡不能被表述成一种由动力学所保持的选择原则。在人类生存这个水平上，不可逆性是一个更基本的概念，对我们来说，它不能与我们自身存在的意义分割开。仍然重要的是，从这个角度来看，我们不再把不可逆性的内部感觉看作是把我们和外部世界隔开的主观印象，而是看作我们参加在一个由某种进化范式统治着的世界内的标志。[㊀]”（日文版 383 ~ 384 页）

㊀ 这一段直接引用了《从混沌到有序》（曾庆宏、沈小峰译，上海译文出版社，1987 年）里的中文翻译，355 ~ 356 页。（译者注）

从存在到生成

该书最终的目的，就是通过从微观物理学层面证明了的事象的不可逆性，将潜伏于西方思想根底处之均质的和可逆的时间概念，转换为已经生成的进化的时间概念。普里戈金和斯唐热，通过对西欧思想中多个时间概念的历史进行探究，明确了时间的不可逆性是和人类相互的沟通，即知识的增加有着深刻的关系的。这就是所谓的信息传递（信号的传达）无法超光速，是从一般相对论中推导出的法则。同理，如果要使时间的方向进行逆转则需要无限大的信息，所以向着过去推进时间是无法做到的。这被普里戈金称为“熵垒[一]”。倒过来讲就是，在经典力学世界中没有余地生成新的信息。信息在初期条件中已经包含了，那之后的运动的经过已经由初期条件决定好了一切。所以说时间是可逆的。

普里戈金和斯唐热主张，在明确了由熵垒所决定的时间的不可逆性之后，海德格尔的《存在与时间》和怀特海[二]的《过程与实在》中所诘问的西欧思想里的“存在者”和“存在”的差异问题，就可以作为“存在”和

[一] 熵垒，エントロピー障壁，意为“熵的壁垒、隔断、障碍”。（译者注）

[二] 阿弗烈·诺夫·怀特海，Alfred North Whitehead，ホワイトヘッド（1861—1947），英国数学家、哲学家。（译者注）

“生成”的差异问题，从而有可能进行科学的说明。其进行的论述如下。

“经典力学和量子力学都基于任意的初始条件和决定论法则（对于轨道或波函数）。在某种意义上说，定律使得在初始条件中已经存在的东西变得十分明显。当考虑不可逆性时，情形便不再如此。从这个角度来看，初始条件是从以前的演变中生成的，并通过以后的演变被变成同一类别的状态。

因此，我们更加接近西方本体论的中心问题：存在和演化之间的关系……在本世纪（21 世纪）最有影响的著作中，有两部书就是讨论这个问题的……但明显的是，我们不能把存在约化为时间，我们不能讨论一个缺乏时间内涵的存在。不可逆性的宏观理论所取的方向为怀特海和海德格尔的推测给出了新的内容……让我们注意，在系统某一状态所概括出来的初始条件是和存在联系在一起的；相反，涉及时间变化的那些定律则是和演化相联系的。

在我们看来，存在和演化并非是彼此对立的，它们表达出现实的两个有关方面。[㊀]”（日文版 399 ~ 400 页）

经典力学和量子力学中的法则都是任意初始条件的展

㊀ 这一段直接引用了《从混沌到有序》（曾庆宏、沈小峰译，上海译文出版社，1987 年）里的中文翻译，369 ~ 370 页。（译者注）

开，从这个意义上来看都是一种同语反复。这一论述颇为有趣。以这一思路来考虑的话，迄今为止的理论物理学，在发展到爱因斯坦的一般相对论出现之前，都是从数学思考中产生的理由也就可以理解了。为什么这么说，是因为数学恰恰是同语反复式的体系。格雷戈里·贝特森也在《心灵与自然》中说了差不多同样的话。反过来说，爱因斯坦能够从数学思考中得到一般相对论的启示，即是因为物理学是同语反复的体系，为此，时间是可逆的也是必要条件之一。

将同样的思考方式，带入建筑、城市规划、设计之中将会怎样呢？将规划、设计说成是预见未来的行为，倒不如说是把现在的想法应用于未来的行为。哪怕在规划、设计中把时间作为参数纳入了进来，那也不过只是在现在的时间。如果是在经典力学的时间——也就是静的、安定的、同语反复的时间（历史）之中的话，这样的规划、设计也许是有效的。但是，在动态的、不确定的时间之中，这样的规划、设计是无法适用的。以同语反复的时间为前提进行的规划、设计，却尝试应用在不确定的时间（历史）之中，这难道不是现代主义设计运动的局限吗？在现代主义建筑中感受不到时间的理由也许就在这一点上。

话说回来，这样的规划和设计的思考方式就算是到了现在也依然持续着。哪怕是在不确定、不安定的时间之中，也要按照当初的规划和设计去实现，这样的做法才被认为是专业人士（professional）的工作方式。在规划和设计阶段或施工阶段，没有比毫无反馈的建筑更让人感觉无趣的了。但是，社会并不认同反过来对造价的影响。银行、开发商、政府机关都是一旦决定了的事情想要再改动都会极度地厌烦。我们日复一日都在和这样不具有通融性的系统打着交道。那么，与不可逆的时间十分适合的，也就是存在和生成统合为一的规划、设计之系统的构筑，到底有没有可能呢？

决定论式混沌

我在很长的一段时间里，都深信自己从该书中学到了决定论式混沌的原理。然而该书中无论是“决定论”还是“混沌”这两个词都有频繁出现，偏偏“决定论式混沌”这个词一次也没有出现过。在该书的第九章“不可逆性——熵垒”之中，普里戈金试图证明微观的力学系中时间的不可逆性。在这里，作为不安定力学系（虽然是决定论的、具有不可能还原的统计的侧面），对“面包师变换”和“刚体球的散乱”进行了介绍。这些无论哪一个都是决定论式混沌的例子。

所谓决定论式混沌，一方面有着决定论的构造（方程式），又在自我反复的适用下将初期条件的细微差异进行扩大，展示出无法预测的混沌状态。这一系列，虽然在给予某种条件后会产生出明确的秩序，但是却无法做到提前预测。这种无法预测的秩序的生成被称为“涌现 emergency”。它和普里戈金所说的耗散结构比较接近，但在展开的各阶段中，在决定论上的点是不同的。

该书的初版发表于1979 年，在这个时间点计算机的能力还没有那么厉害。而决定论式混沌崭露头角之时，计算机的计算能力大大增强，对自我反复的计算已经可以简单地完成。该书的日文译本出版于 1987 年，在头卷“日文版序言”之中，在对该书总结之后讲到了两个重要的进步。其中一个进步就是在“耗散结构的现象论式的记述”之中，发现了对耗散系进行记述的方程式“对初期条件十分敏感”。据此明确了类似于 fractal attractor 的存在。这就是，无论初期状态是如何正确，也只能明白有限的结果正确度，从这一结果中诞生出的决定论式混沌之发现。另一个重要进步是在“耗散结构的解释”之中，不可逆性并不是爱因斯坦所想的不具有客观意义的近似产物，从理论论述的基本层面上已经可以证明是具备意义的。由这两个发现，解决了在现象论层面上时间之箭是实际存在的，但在物理学微观层面的基本方程式之中却被否定的这一矛盾。也就是说，解决了具备时间的主体和不具备时间的客观世界的二元论的矛盾，时间的不可逆性是世界的本质属性这件事也被证明了。

其结果明确了，决定论式混沌的理论，不仅适用于物理学或生物学，也包括社会现象、政治决策、规划或设计的作业等各种类型的过程（process），不单是作为隐喻，也可以作为真实的构造来应用。

在我看来，决定论式混沌理论，在规划或设计上有两种实践性应用的可能性。其一，不确定、不安定的设计与条件的对应。从决定论式混沌理论中我们可以学到教训，不为了追求经典力学的正确性而和不确定性、不安定性进行斗争，而是一边将不确定性或不安定性作为可能性的扩大来积极地认识和接受，一边向着确定持续不断地进行努力。也就是说哪怕是在无法预测的不确定的状况下，也要有清晰的假说式的判断，每次都要一边进行反馈，一边不断持续地反复适用。这样，在这种反复中就会不断提高向着“涌现”的张力。然而现实的制度和系统，还没有达到如此高的灵活性。所以对僵直化的制度和系统进行改良也是重要的课题之一。不仅仅我们自身的对应要灵活、有弹性，环境条件也要进行灵活的改变也是重要条件之一。

此外还有一点，是与民主主义本身相关的适用问题。民主主义的原理，通常是，哪怕是少数的个人意见也会被尊重。但是，全员的意见没有办法统一为一个意见。通常是挑选出人们的意见，通过折中处理，从而统合为一个意见。有时也是由多数人的意见来决定，这也是民主主义式的判断。但是在建筑、城市规划、设计中，只有这样的程序是绝对无法生出好的结果。倒不如对自己的意见进行明确的主张，在和对手的意见相互碰撞中，倒是可以诞生出原本预想不到的假说或提案。也就是说，不是折中，而是决定论式的意见经过相互碰撞，从不同意见乱立纷呈的混沌状况之中，以诞生出涌现式生成的想法为目标，我认为才是真正的民主主义设计。这是传统辩证法的现代解释。

IV

历史的底流

4.1 读：矶崎新《建筑中的“日本性”》

建筑中“国家性”的前景

千种成显+梅冈恒治

作为制度论的《建筑中的“日本性[一]”》

该书的作者矶崎新在他的著作当中，对日本建筑及相关的历史事件进行了评述，提出了颠覆以往日本建筑史观的观点。并且，他的这种批判型建筑家的风格——由建筑师来对历史进行批评，并将其活用到作品中——不仅对历史学家，对建筑师也产生了很大的影响。其中，“和样化”这一概念，关系到矶崎新的创作活动之根本的思考，是《建筑中的“日本性”》一书中最为重要的概念。以下是对矶崎新在书中所给出的“和样化”定义的引用。

“那些（于‘日本’产生的美的生产物）形式和技

[一] 日本性，日语为“日本的なもの”，直译的意思是“日本的东西”，也在一些中译文中被译为“日本性”“日本式”等。译者考虑，“日本的东西”“日本性”虽然都是名词，但后者显然更为抽象，而有时文章中谈到的具体事物很难用“日本性”来进行说明，所以在翻译时会根据语境选用其中一种来表达。（译者注）

法，与其说是诞生自日本，其实基本上都是随着时代的演进从外部的韩国、中国、西欧处输入进来的。然而，在经过了一定的时间，通过洗练、适应、修正等操作之后，无一不是变形成为了‘日本式的’。我将其称为‘和样化’，而这之中似乎存在着一条奇妙的法则。外压—内乱—输入—日本化，在日本的历史上这样的一系列事件曾在 7 世纪、12 世纪、16 世纪和 19 世纪发生过。这里指出的这几个世纪是外压、内乱以及输入的时期，它们的中间期就是和样化的时期。”（《始源的模仿》鹿岛出版会，1996 年，第 93 页）

也就是说，所谓“和样化”就是指日本在作为岛国的地缘政治的影响下，外部和内部产生差别化，并通过外部之视线来对自我进行规定的变化之过程。《建筑中的“日本性”》就是以这四个历史时期（其中 19 世纪的“和样化”跨越到了 20 世纪）中基于“和样化”而产生的建筑中的“日本性”作为论述主题的。

在结构上该书分为四章，大致上可以分为第一章和第二章 ~ 第四章两大部分来阅读。其中第二章 ~ 第四章从カツラ（桂）、重源、イセ（伊势）㊀的角度出发对具体的建

㊀ 由于矶崎新在文章中是特意使用片假名来表记，片假名形式和汉字形式的同一个词语被他区分为了不同的含义，所以在翻译中使用“片假名（汉字）”的形式来表达。（译者注）

筑进行了解读。在第二章中举出了作为媚俗之源头的“远洲之喜好”，在第三章中举出了作为和样化以前的特异点突显而出的作家重源，以此可以看出矶崎新在建筑层面上的主要关注点在于纯粹几何学形式和构筑性等之上。接下来在第四章中举出了由于起源未明而产生的“始源的模仿”这一建筑意义上的构造。在后半部分章节，把“和样化”当作使建筑形态得以形成的一个“制度”，探讨了这一制度和建筑之间相关的历史上的验证和定位。

另一方面，在第一章中，作者首先论述了 19 世纪到 20 世纪的建筑师们依赖并利用国家这一制度推行近代建筑的“和样化”的历史。接着以总结的形式，指出在大阪世博会之后，在以建筑作为国家之表象的意识逐渐弱化的背景下，建筑制度的转变，并将这一建筑制度的变化和自身的设计思考过程相重叠进行了讨论。书中讨论了矶崎新所提出的日本固有的“和样化”这一概念，在日本近代化的过程中是如何同国家这一制度相联结起来的，不仅从历史层面进行了验证，还对现在进行时的变化也有所涉及。基于这点，该书可以说是超越了日本建筑领域中的“和样化”论这一框架，可以在以国家为主要关注点的建筑制度论中获得一席之地。因此在本文中，我们将追随矶崎新的制度论的脚步，将话题扩展至现代的建筑制度论并展开讨论。

“国家”的融合与“全球化”的推进

首先，让我们追随该书的第一章和矶崎新的言说，去看看从古代直到近代一直循环发生的“和样化”，以及由于国家间边界的模糊化和国家这一制度的弱化而逐渐迎来终结的过程。

第一章中前四节和后五节的内容有很大差异。前四节，基于当时的时代政治背景，阐明了19世纪直到20世纪50年代期间，国际建筑样式和日本历史建筑样式是如何结合起来的，以及近代化后的建筑师是如何在与国家这一制度保持若即若离关系的同时，面向“日本性”采取的态度和站位。通过从历史的角度解读建筑的近代化在日本如何被接受的过程，对“和样化”进行了总结。

从第五节开始，阐述了迄今为止一直作为国家之表象的“和样化”之循环从20世纪50年代之后悄然发生的变化。而矶崎新本人在活跃于建筑界的同时，通过自身的经验和建筑作品，丈量着“日本性”和追求日本性的“国家”之间的距离。在这之中，矶崎新的代表作“筑波中心大厦”（1983年）可以说是最具象征意义的作品。

在“筑波中心大厦”的设计中，矶崎新理解到了作为一个国家级别的项目“日本性”是对该项目的隐含要求。但在他看来，由于“新城”（new town）在历史性上的欠缺，以及“广场”的非日本性，设计的基础条件自身就是虚构的。于是矶崎新“对于看起来是日本起源的要素十分注意地进行了排除”，对西欧的“符号”进行了引用，在设计中进行了物质化处理，“国家”在这里并未被表象化。矶崎新认为，在近代化的过程中曾经的确有过对“日本性”进行表象就是对“国家”进行表象的历史阶段，但自大阪世博会（1970 年）之后这一构图就已经不再成立。对于使自己的建筑设计得以实现的大制度环境的认识，矶崎新进行了认识模式的切换。

“信息网络不断延伸，任何新鲜事件瞬间就可以传播到全世界。尽管边界线使得国家内部的中心得以形成，但全世界的同时性却削弱了维持民族国家的向心力，同时也使得边界线消无……面向内部进行向心力之强化的‘日本性’这一问题构制，究竟能否通过立足于内外部交错的边界线之上而得以存续呢?”（《建筑中的“日本性”》，第 106 ~ 107 页）

矶崎新在这里明确地指出了，由于全球化的推进而导致的“国家”这一边界线的消失 = 外部的消失，“和样化已经终结”（*GA JAPAN*，1995 年第 13 号）（注 1）。也就是说，在外部和内部之边界已然消失了的均质状态下，从“和样化”构架的角度来探讨“日本性”已经变得越来越难了。

此外，由于近年来这一议题是以杰姆逊和矶崎新两人对话的形式推进展开的，评论家弗雷德里克·杰姆逊（Fredrick Jameson）对该书英文译本的评论（注2），以及矶崎新基于新的认识而对其进行的回应（注3），在这里也想就此说明一下。杰姆逊在书评中抛出了疑问，他用“个别文化主义式的提问”来询问“日本性”，是会单纯地止步“对西洋式空间的实践者而言，是满足异域情调式的好奇心的对象”呢，或者很可能成为“在身边的可以感受到的东西”呢？在此之上，他在矶崎新所说的“间”的概念之中发现了关于普遍性的线索，并得到了“在全球化背景下，日本已不能以即将作古的国家主义或个别文化主义的形式存在下去”的结论。针对杰姆逊的评论，矶崎新的回应是，将弗雷德里克·杰姆逊的批评视作一种文化论的观点，并以“由金融资本主义所驱动”的“新世界体系中的都市理论”作为回应。矶崎新在这里指出“文化论在忽略市场机制的情况下已不再有可能成立”。作为新的文化论，他提出了“都市理论”的框架，对可以渡过“全球化之浪潮”的问题进行了探索。

在这当中他们的共同认识是，在全球化这一新框架内，既然现在国家这一制度已经不再发挥功能，有必要对个别文化的新制度进行探索。全球化，通过均质化和差异化的经济体系，必然地会使国家这一制度弱化。所谓国家的这一强制度对于世界全体的流通体系来说成了妨碍，而不依赖于文脉的高通用性则变得十分具有价值。然而为了使市场得以成立，差异又很重要，只有细分化的概念才能成为商品的卖点。就这样，与国家相结合的“日本性”从全球化的舞台中退场，被需要的是矶崎新所说的“新世界体系”中的“Nippon（新日本）性”。

关于建筑中的“Nippon（新日本）性”之框架

请看下页图。图 A 表示的是全球化以前的日本，日本这一国家通过使内外进行割裂，而实现了制度（即国家）层面的作用，形成了“和样化”的循环。这里也显示出了，作为下层结构㊀的国家在作为制度发挥功能的同时，对作为上层结构㊁的建筑形式也产生着强烈的影响。此图表示的是生成“日本性”的制度。

而图 B 是以“由金融资本主义所驱动”的“新世界体系”为基础而产生的“Nippon（新日本）性”的制度示意图。相对于图 A 所表示的国家是生成建筑中“日本性”的制度，在图 B 中则着眼于生成多样化、复杂化建筑物的制度，对制度自身进行深入挖掘，将其结果中被重新发现的

㊀ 下层结构：basis，下部構造，下层基础。（译者注）
㊁ 上层结构：superstructure，上部構造，上层建筑。（译者注）

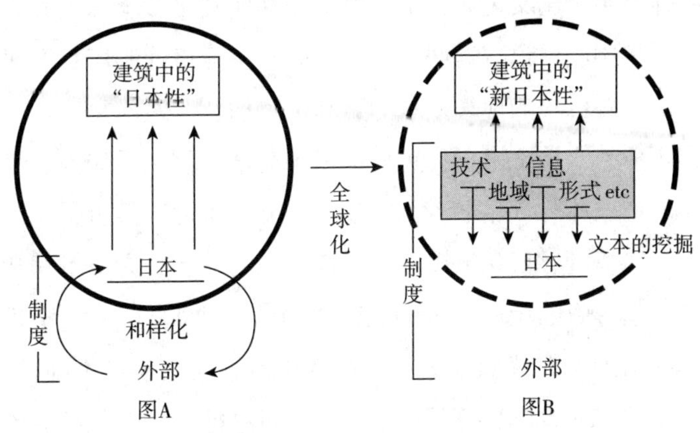

关于建筑中的“新日本性”之框架

“日本”作为“Nippon（新日本）性”，并展示了其构造。他们之间的根本差异在于想要生成建筑中的“日本性”或“新日本性”的动机上的不同。相对于图 A 型或和样化的过程，是为了回答（对于外国人而言/对于日本人而言）所谓日本性究竟是什么这一问题而得出的答案。在图 B 新世界体系中，“日本 Nippon”不再是需要被探求的对象，而是可以基于更为自由的解释来运行。所以在这里的建筑中的“新日本性”，是在有自由度的解释的基础上，利用“日本 Nippon”这一地理上的框架或者个别文化的特性，在创作出更好、更新的建筑的作者意志之下而产生的。从这个意义上说，建筑中的“新日本性”可以有多样化的样态。但是，在建筑的制度论中的“新日本性”，作为新世界体系中个别文化的尝试，追求与其他文化和全球主义的相对化中的话语权是必要的，因此，从建筑的制度当中深层次地对纯粹的现代日本的文脉进行追溯，对本文而言是很重要的。接下来，我想列举一些在全球化之后作为建筑中的“日本性”的替代而出现的“新日本性”的例子。

在20世纪90年代，伴随着全球化引起的人口增长和流动而导致的世界范围的城市化趋势，建筑的“主战场”开始从国家转移到了城市。在这种背景下，在日本国内，探索“东京性”的建筑应运而生。对这种“东京”相关的言说进行引领的就是Atelier Bow-Wow。他们着眼于“东京”的匿名建筑的独特特性，发表了以个人住宅为主的一系列建筑作品，出版了 *Made in Tokyo* 和 *Pet Architecture Guidebook* 等与城市研究有关的书籍，在国内外获得了高度评价。基于“东京”这一关键词，表现了建筑制度从国家到城市的转变的这一系列建筑，正可谓是“新日本性”的。

安藤忠雄，通过其一以贯之地使用从初期时就确立下的混凝土这一素材表现，确立了自己作为建筑师的风格。这种风格，从外国的视角来看表现了日本特有的“禅”，和禁欲式的价值观相联结，尽管并未在设计中对日本进行直接的表象化展现，但仍被国内外普遍认为是日本式的建筑。安藤的建筑，刻意地回避了对国家的表象化展现，但在全球化的世界中却体现出了日本，也可以说是对建筑中的“新日本性”进行了表现。

近年来，很有趣的是国外开始将日本概念性的城市住宅统称为“Japanese House”。这大概和报道建筑的媒介有关，由杂志这类纸质媒介转变为了如 DEZEEN、design boom 等电子网站（web page），并被打上标签（tag）。在每天都有数量众多的建筑作品和项目被发表的情况下，日本建筑师们的个人住宅作品之所以被囊括在“Japanese House”中，正是因为它们将“新日本性”内含在了建筑当中。

在国家这一强制度消解了的今天，决定建筑表现的制度变得非常多样和复杂，例如地域（城市、地方）、历史、技术、语言、习俗、价值观、建筑形式自身，以及这些的复合体等。即使在这样的情况下，上述的这些建筑，也没有止步于多样化制度的上层结构即建筑的语境之中，而是向深一层挖掘，将“新日本”（Nippon）内嵌在了建筑当中。

对建筑而言“国家”的前景

正如我们到目前为止所看到的，“日本性”与“国家”这一制度有着密切的关系，从而产生了“和样化”的循环，但随着全球化的推进，“国家”这一制度必然地会弱化，建筑则一方面避免对国家进行表象化展现，另一方面又自发性地创造出多样且复杂的制度形成了新的建筑。

然而，这里需要注意的是，在使建筑得以形成的制度的下部构造中，依然有“国家”的存在。乍一看，“国家”似乎在“全球化”的渗透中没落了，但实际上，它作为使建筑得以成立的城市、语言、习俗、技术、历史等多样化的各种制度的地理层面的框架仍然存在。鉴于这种情况，近年又可以看到有人想要将曾经一度看起来像是从游戏中退场了的“国家”，以一种和以前不同的形式，作为建筑中的制度尝试再登场。

作为这种尝试的例子，察觉到了这样的构造并揭示了问题意识的，是与矶崎新长期以来就有深交的雷姆·库哈斯（Rem Koolhas）。库哈斯不仅通过建筑作品，还通过组建组织、策划展览、出版等综合性活动对现代的建筑制度进行了批判，是现代建筑师们的导师一般的存在。他可以说是与矶崎新风格最为接近的现代建筑师。作为2004年威尼斯建筑双年展的策展人，他提出了“Fundamentals（本源）”这一主题，其宗旨概括如下。

“本届双年展和迄今为止对现代性献上祝福的历届双年展有所不同，是将焦点放在历史之上的一届。希望各代表国可以遵从‘Absorbing Modernity 醉心于近代性 1914—2014’这一主题，用各自的方式，对百年来近代化变迁中，建筑领域中个性或国家性被抹消的过程进行展示。在1914年，对于‘中国的’建筑、‘瑞士的’建筑、‘印度的’建筑等进行讨论是有意义的，这些国家的identity，却为了近代性到如今已然成为可以互换的了，成为了全球化的东西。然而实际上，在朝着被认为是普遍性的建筑语言进行推移中，隐藏着至今仍有残留的‘国家性’。本届双年展要复活这些故事，并通过讲述这百年间的历史，通过各国展馆的展示，得出建筑向着统一的近代审美而进化的全球层面之概观。（注4）”

也就是说，各国的展示，不再依照过去的框架对新建筑比拼争艳，而是各国通过重新审视自己建筑近代化的过程，将其中发现的“国家性”进行展示，并通过将其相对化，从而尝试对近代化的全体性和个别性进行再发现。也有想要复活被认为由于近代化而丧失了地域固有性的建筑中的固有性的尝试。在这里作为命题而被高高举起的“Fundamentals”，有着“根本原理”“基本”的含义，作为经济用语时较常被用来讲经济的微观层面或者个别企业的财务状况等，作为微观层面的指标来使用。将它置换到建筑领域里的话，可以说是和因为“新世界的体系”而产生的建筑和“新日本（Nippon）性”“中国性”“瑞士性”“印度性”等相关联的概念，和本文的中心问题是十分相近的。

此外，在日本，就像伊东丰雄在《矶崎新建筑论集》

第二卷的月报（注5）中所指出的，由矶崎新所提出的“充满批评性的建筑”对于日本的建筑家来说已经起到了如同制度般的作用。

在此月报中伊东是这样讲的，20世纪70年代矶崎新所著的《建筑的解体》给同时代的建筑家们以不少的影响，他们借由“充满批评性的建筑”而受到了世界的注目。而且不像先锋派建筑那样脱离了现实，日本的这一代建筑是被实现了的，而且正因为日本建筑的特殊情况所以才能得以成立，用伊东的话来说就是，日本还未培育有像欧洲那样的在建筑文化上的成熟度。之后，在经历了东日本大震灾后，伊东谈到了他思想上的转变，从可以说是由矶崎新所创造的也不为过的日本特有的“充满批评性的建筑”的壳中蜕皮而出的转变。

伊东的这一发言，是有着这样的背景的，日本的现代建筑在“全球化的浪潮”中难以和个别文化或固有场所及文脉之间形成联系，在经过了东日本大震灾之后更加突显出来。矶崎新通过将“国家”这一制度转换为批评对象，把建筑的语境（context）拉到了真正深邃的理论高度，从而建立起了“充满批评性的建筑”。另一方面，就如前文所述，伊东之后的建筑家们，在建筑的语境和制度的下部构造难以相联系的情况下，有必要在新世界体系中对建筑的新的接续点进行探索，为此提出了要对矶崎新的制度进行重置，进行新的提案。

就如迄今为止我们所看到的，矶崎新、库哈斯、伊东等人有着共通的姿态，那就是，在现代建筑和全球化、金融资本主义这些大的制度捆绑在一起的状态下，看起来，现代建筑会在和制度割裂之处生成新的理念，实际上，是不是建筑家们忽略了对旧有制度的依赖之处呢，在这一点上响起了警钟。在我们对由全球化所带来的问题进行谴责的时候，“新世界体系”以现在进行时的状态运行着。的确，对于“新世界体系”，建筑的差异化在高次元层次（meta-level）被均质化了，这一点经常被视作是问题，但也不应该忘记的是从另一个视角出发进行论述的可能性，均质化的进行也反过来使得那些非均质的、地域的个别文化的建筑突显了出来。建筑，只要仍然符合只可能伫立于特定的场所中的原则，那么就无法和这片土地的国家或地域的技术、习惯、价值观、历史等完全地割裂。如此的话，那么就需要像库哈斯和伊东这样，不仅要对和今后的“新世界体系”之间的新的关联方式进行摸索，还要对作为地域层面之框架的对建筑形成支撑的“国家”这一下部构造进行有意识的关注，这也是很重要的。

注

（1）矶崎新，《“化妆”和“模仿”》（《新潮》2010

年 10 月号)。矶崎新说到，从和样化 = 化妆（退行）这一方法层面的含义来看，“和样化” 在现在也是有用的。

（2）弗雷德里克・杰姆逊，《茶匠们的杰作》，《新潮》，2010 年 9 月号。

（3）矶崎新，《“化妆” 和 “模仿”》，《新潮》，2010 年 10 月号。

（4）Rem Koolhaas. http：//www. dezeen. com/2013/01/25/rem-koolhaas-reveals-title-for-venice-architecture-biennale-2014/. 由笔者进行翻译。

（5）伊东丰雄，《于矶崎新而言的 1969》，《矶崎新建筑论集》第二卷月报。

“日本性” 的解构

难波和彦

在全球化急速推进的今天，对我们来说 “日本性” 具有什么样的意义呢？对于该书的作者矶崎新来说，对于二十几岁的 LATs 读书会成员们来说，还有对于处在中间世代的我来说，大概每个人给出的回答都会有所不同吧。读书会上拿出该书来读的目的之一，就是要对这种差异进行确认。并且在此之上，这一问题同今天的建筑设计要如何结合的话题，也令人十分感兴趣。

“日本性”命题，从战前开始一直延续到战后，已经被以各种形式进行了诘问。战前，明治维新以后的急速近代化＝西欧化中，为了超越西欧，确立日本的或者说是东洋的特质（identity）而作为意识形态被提出的“近代的超克”，就属于其间的一大潮流。此外，以战后从半殖民地状态到承认日本独立性的所谓的旧金山讲和条约（1951年）为契机，而被广为讨论的“传统之论争”也是其中一个。还有，迎来经济高速增长最鼎盛时期的20世纪70年代至80年代时提出的“Japan as Number One”大致也是。

在森美术馆举办的“新陈代谢派的未来都市展——战后日本·苏醒的复兴之梦和图景”，很明显也可以用同样的语境（context）来进行理解。对新陈代谢派的活动进行了详细的论述的八束はじめ的著作《新陈代谢派·羁绊》（オーム社，2011年）之中，对那一段历史的经纬进行了详细的介绍。此书很明显也是这一命题的延续，关于“日本性”，矶崎新的评价总的来说是否定的。

“日本性”之二相

该书是将在各处发表的论文汇总而成的，原论文都是发表于20世纪90年代。在当初论文发表的时候，我就已经都拜读过了，在钦佩于矶崎新知识之渊博的同时，也引发了一个朴素的疑问：为什么矶崎新如此执着于“日本性”呢？这一疑问在阅读 *GA Japan* 13 号（1995 年 3 ~ 4 月号）中刊载的他和二川幸夫的对话“和样化的终结”和论文《始源的模仿》时，闪现出一个决定性的回答。我所得到的结论是，矶崎新原本是最为体现了“日本性”的建筑家，为了克服这一点，矶崎新试图将“日本性”进行彻底的相对化。用精神分析的话来讲就是，在无意识中意识到了被压抑的病症，这是从病本身衍生而出的治愈。虽然时间有些久远，对当时我的想法进行如下介绍。

（下文原发表于 *GA Japan* 15 号，1995 年 7 ~ 8 月号）

这次的对话比前一回的世界篇更有意思。尤其是关于伊势神宫，矶崎新的解释让人十分激动。但是关于和样化（日本性），我还是略微和矶崎新持有一些不同的意见。从结论来讲，承担了现代和样化最尖端之重任的建筑家，我认为正是矶崎新。为什么这么说呢？以下想讲一讲我的一些想法。

就在前几天，我再访了丹下健三的广岛和平纪念馆，有机会看到了遵循当初的规划设计所完成了的整体像。又一次不禁感叹资料馆立面的比例之精彩，在此之上又令人深思的是大堂下方宽阔的纪念性广场的意义。不必赘言，这一广场是对和平的祈愿并作为象征着战后民主主义的空间而设计的。但就这一广场的空间而言，哪怕是持有不同思想也是有可能的，只有纪念性是它确定的特征。就像矶崎新也同样指出的，哪怕社会中的意识形态发生了极大转变，但丹下健三的建筑语言是贯通前后的，是和别的未变的东西相关联的。而思想和表现之间的关系并非如此的单纯。建筑家的思想会通过建筑表现出来，从某一方面来讲是对的。至少从建筑家的意图来说，两者是有密切关系的，这一点毋庸置疑。但并不保证说意图就一定可以如其原样地被实现。进一步说，对于“表现”可以有各种各样的解释，从表现出发逆向对当初的思想进行再构成是很困难的。更不用说从表现出发对思想进行控制，更是不可能的。前不久故去的曼费雷多·塔夫里，长年对这一问题进行研究，在《建筑的理论》（八束译，朝日出版社，1985 年）中得出了意识形态和建筑表现并没有直接关系的结论。

尽管如此，体验过战争的近代建筑师们，把“将近代的和日本的进行统合”这一战前的命题，直接按原样搬到了战后，这是历史的实事。矶崎新把这理解为“自古以来不断反复的和样化的其中一环”，并提出了其原始模型来自于伊势神宫的式年迁宫之假说。并进一步主张，以此假说为基础，可以对日本的近代建筑史进行说明。这是十分具备说服力的漂亮的假说，让我有茅塞顿开的感觉。我对这一假说基本上是同意的。但是我想再附加上一个条件，那就是，相较于认为这一假说是对日本自古以来和样化的构造的解明，我认为更恰当的是，这一假说，是将明治维新以后日本近代化进程中宿命般地内在化了的“和”与

"洋"之二重构造，由近及远地逆向投射到了过去的历史之上的投影。严密的论证留给历史学家，这里只说我的理解，很可能在江户时代以前，式年迁宫都并没有那么严密地被执行，直到明治以后才被确立为现在的样貌（注1）。和样化是明治以后为了近代国家之确立而被拥立起来的意识形态，和样化和近代化构成了一体的表里两面。我认为，如果想要对现代的和样化进行相对化处理，这一视角是不可欠缺的。而将和样化的起源追溯直至古代的做法，就等于是把它看作了不可避的历史法则，会使得批判的作用减弱和钝化。和样化，是多次反复被再构筑的具备历史性的意识形态，矶崎新的假说也不例外。但是矶崎新的假说有一点是和过去的诸论有所不同的，他把和样化认为是国家主义意识形态并进行了相对化。说得更直白一些，就是瞄准了天皇制这一点。在对日本近代建筑史进行再探讨时，是无法绕开这个问题的。

对建筑家来说和样化有着二重的含义，即样式层面的含义和思想层面的含义。在矶崎新的和样化之假说中，这二重含义叠加在了一起。如前所述，丹下的广岛和平纪念馆中可以明显地看出来，两者的关系是错综复杂的。一方面，持续贯穿了战前战后的和样化，哪怕经过了战争，其本质上还是没有改变的，被认为是象征着日本国家或者说天皇制。然而从另一方面，同一样式表现出了两相对立的军国主义思想以及民主主义思想，在此之上，说样式和思想两者无关也是有可能的。这和欧洲的古典样式无论是在民主主义国家还是在全体主义国家都被作为国家的样式来使用的情况十分类似。但是两者本质上的相异点不可被忽视，在丹下一位建筑家身上，同样的样式被用作于完全不同的思想的象征表现。的确，就连密斯或勒·柯布西耶也不能说没有这样的倾向，但是像丹下这样在国家层面上成功做到了的建筑家别无他人了。在这里样式被理解为，仅仅就是容器 = signifiant㊀，什么样的思想内容 = signifié 都可以盛放其中。但我不认为这一点是和样化的本质。

也就是说在和样化有着不同次元的两种形态。一种是作为表现的、伴随着国家主义以及天皇制的思想内容的和样化。矶崎新所说的和样化就是指的这种。另一种是作为思考方式或者生活态度的和样化。这和思想内容无关，指的是那种只对样式进行洗练的倾向，甚至可以说是一种形

㊀ signifiant，signifier，シニフィアン，意指：符号表现、能记。例如，“海”这一文字，“hǎi”这一声音。signifié，signified，シニフィエ，意符：符号内容、所记。例如，海的印象，海的概念。单一符号（sign）分成意符（signifier）和意指（signified）两部分。意符是符号的语音形象；意指是符号的意义概念部分。由两部分组成的一个整体，称为符号。意符和意指两者之间的关系是武断性的（arbitrariness），没有必然关联。例如，将海这一概念写作为“海”和读作为“hǎi”之间不具有必然性。（译者注）

式主义 = formalizm。后者立马让我联想到了亚历山大 · 科耶夫㊀在《黑格尔解读入门——读精神现象学》（上妻精、今野雅方译，国文社，1987 年）的注释中所介绍的“日本式的 snobbism㊁”。借用浅田彰（《Anyway——方法的问题》矶崎新、浅田彰监修，NTT 出版，1995 年）的话来说，就是“对欠缺历史的内容 = 人类的内容的形式进行洗练，作为空虚的符号游戏的日本式 snobbism”。

这两种和样化，必须得进行清晰的区分。两者的逻辑类型㊂（逻辑阶㊃）是不同的。前者是有着具体的表现的，但后者并不非得是日本式的表现形式。但是仔细想一想的

㊀ 亚历山大 · 科耶夫，Alexandre Kojève，アレクサンドル · コジェーブ（1902—1968），俄罗斯出生的法国哲学家，存在主义的新黑格尔主义的代表。（译者注）

㊁ snobbism，在日语中的解释是“俗物根性”，但现代人已经很难理解这是什么意思。这一词源自英语中的“snob（鞋屋）”，是 18 世纪英国上流阶级出身的大学生们对原本不应进到大学里来的较低阶层学生的揶揄嘲讽。Snobbism，比起自己在现实中所属的阶层，装作属于更上层阶层的态度和样子来。例如贫民装作贵族的做派，讲一些贵族间讨论的话题和用语，但实际上很难全方位地伪装。也有学者对它进行了一些正面的诠释（参考 https：//chez-nous. typepad. jp/tanukinohirune/2018/08/whothe-hellisrembrandt. html）。（译者注）

㊂ 逻辑类型，logical type，ロジカルタイプ，是罗素提出的类型论（type theory）中的概念。（译者注）

㊃ 逻辑阶，論理階段，是罗素提出的类型论中的概念。例如，“大学——体育馆、图书馆、学生宿舍”，class 是“大学”，class member 是“体育馆、图书馆、学生宿舍”，这时“大学”和“体育馆”等就属于不同的逻辑阶（参考 https：//z99. hatenablog. com/entry/20081115/1226768406）。（译者注）

话，采用了日本式表现的东西也是挺奇怪的存在。现在，所谓的这些日本式的表现，原本是从中国或朝鲜传入日本的。伊势、出云，也是以南方的高床式住居为原型的。的确，这些逐渐变容为了日本独自的表现。但也并没有变成完全脱离原版本的表现。日本之表现的起源可以说无限接近于零。并且这一问题每每在日本的 identity 被追问的时候就浮现出来。每当这个时候，作为表现的和样化就不得不被再构筑成为历史的意识形态。在我看来作为表现的和样化的起源是在明治维新时，就是出于这个理由，矶崎新对作为表现的和样化之周期循环做出了将于本世纪（21 世纪）终结的预言。然而事情的进展却没有那么简单。

在我看来，至今为止对日本一直起到支撑的，并不是容易被理解的前者，反而是后者的作为形式主义的和样化，即将表现的技术从外部进行引入，不问其含义内容，而彻底贯彻并进行精炼的“态度”。江户时代及以前是以中国，明治以后是以欧洲，战后是以美国作为模范。在明治时代有着巨大的不连续点，这催生了次元不同的两种和样化。日本的近代化正是通过将这两种和样化绝妙地分开使用而一直推进至今的。索尼、丰田可以说是后者的和样化的产物。技术和设计是从欧洲或美国引入的，但又通过将它们精炼至更高于原版本，而后向全世界进行了输出。

矶崎新恰恰正是建筑界的索尼、丰田。矶崎新绝对没有想要有自己自身的风格，而是将粗野主义、后现代历史主义、高技派、解构风格等各式各样的风格，进行了高于原版之上的巧妙的洗练以及建筑化。矶崎新才正是没有“作为表现的”和样化的，成为了全球化的、最初的日本建筑家，也是体现出了日本的近代化之本质的建筑家。

（*GA Japan* 15 号，1995 年 7 ~ 8 月号）

20 世纪末的“日本性”

该书的第一章“建筑中的日本性”是从 1999 年到 2000 年之间所发表的论文的集合，同时也是该书的总论，浓墨重彩地反映出了世纪末的时代状况。矶崎新主张，于 19 世纪中叶开始的日本的近代建筑，从最初开始直至今天，都刻有在外压（西欧）之下被捏造出的“日本性”的印记。从这一视点出发，矶崎新对 20 世纪末以前的日本近代建筑史中的“日本性”之变迁进行了回溯，并在其谱系之中为 20 世纪 60 年代以后的自己的作品找到了位置。

在 20 世纪 50 年代的“传统争论”中的“日本性”，对尼采的《悲剧的诞生》“阿波罗式的和狄俄索斯式的[一]”进行了拙劣的模仿，分裂为“弥生和绳文”的两流，矶崎新认为这正是战后日本的被美国支配 = exotic（异国情调

[一] 这里指的是，阿波罗式克制和狄俄索斯式的宣泄。（译者注）

的）日本＝贵族的日本＝弥生，和与之相对的民众的日本＝绳文的对抗式言说，矶崎新的这一锐利、敏感的解读让人深受感触。当时的建筑家们对此是否有所自觉呢？不禁令人想要去查明和确认。

在“日本性”的根底之中潜藏着“西欧＝作为”和与之相对的“日本＝自然”这一图式，然而，矶崎新的事业是从“废墟”之处起步的，从废墟是构筑（作为）的瓦解（自然）这个含义层面，难道不是并没有避开“日本性”的吗？在追述过往时略有些讶异地意识到这一点，这也可以说是对前面我提出的假说的旁证。

据矶崎新所说，由计算机革命引发的全球化带来了民族“国家”的解体，“日本性”这一问题机制随即在1990年以后也就不成立了。然而另一方面，矶崎新却被五十年前的20世纪40年代的坂口安吾的“即物主义”和小林秀雄的“始源主义”理论所吸引，将它们在五十年后的今天进行反复，形成了新形式的“日本性”，并归结为如下的结论。

“坂口安吾面向即物的、真实的生活时采取退行的态度，表明了甚至可以将已成为共通观念的‘日本性’之美进行舍去的信念，小林秀雄则拒绝那些由虚构的历史所操作的解释，而要对始源进行再阐述，也就是要自己投入模仿之中来表明选择，即退行和模仿。而我所关注的是，这很明显地又是在选择了‘日本的’事物=态度决定之后，却又怕被压倒性的大潮所淹没而逃遁开了。也就是说，这是在超级扁平化（super flat）趋势当中，看到了从表层中分离出来、沉淀下来的渣滓引发其他问题机制的可能性。重申一下，也许它的确创造出了‘日本性’，但将它赋名以其他称呼也是可以的吧。”

从这里由自己将内里的‘日本性’进行剜出的利刃中，隐隐可以看出晚于矶崎新的下一个世代的建筑家们对透明和轻质建筑进行剖剐割除的战略。

“日本性”的解体+构筑=de-construction

在第四章“イセ（伊势）——始源的模仿”中，矶崎新主张，イセ（伊势）的本质是“隐”，通过“始源的模仿=拟态”的构筑而得来。也就是伊势神宫，即便看上去像是“日本的东西”，但并非由“自然”中诞生的，而是由“テンム（天武）+ジトウ（传统）”，由天皇的“作为”而构筑出的。矶崎新将伊势、桂、天武、传统等汉字表记，全部变为了用イセ（伊势）、カツラ（桂）、テンム（天武）、ジトウ（传统）这样的片假名表记。本来，片假名是用于将外来语直接转写为日本语的目的而被使用的文字。就像柄谷行人在《文字的地政学——日本精神分析》（《定本柄谷行人集4》岩波书店，2004年）中所指出的，由片假名所表记的，默然之中就可以传达它是外来语的这一信息。矶崎新将这种习惯故意地反过来用，可以说是一种试图将汉字表记中含有的“日本的”含义＝微妙差别进行异化的尝试。在第二章“カツラ（桂）——其二义的空间”之中，矶崎新也对桂离宫中潜藏的现代的设计和后现代的设计之并存进行了阐述，并将无法单纯地还原为“日本的东西”的カツラ（桂）的二义性进行了明确。

阅读该书之后就可以看出来矶崎新的主张，イセ（伊势）和カツラ（桂），是在“表现＝モノ（东西）”层面最“日本的东西”，但是其产生源头的“态度＝コト（事物）”却是极为“构筑的＝反日本的”。尤其是在关于将イセ（伊势）作为“日本的东西”而建立的“テンム（天武）＋ジトウ（传统）”，对天皇意图的解释上尤为如此。汉文、律令制、佛教寺院等新渡来的，这些或多或少被视为先进的文化，与之相对应地是，已经在日本有着ヤマト（大和）风的语言，寄附着神力的咒术，掘立柱的高殿或竖穴住居等土著的文化。テンム（天武）帝在晚年所意图的，是将这对立的新旧二分的文化体系进行均衡使之并立，为此至少要将古文化提升到可以和新东西相对抗的水准上，对古文化（日本本土文化）进行重新编排。

最为日本式的表现却是被构筑的产物，真是让人觉得矛盾。由重源所造的净土寺净土堂和东大寺南大门，则没有这样的矛盾。无论哪一个都是构筑的产物，一方面是直至现在都作为“日本的东西”而有着生命力，另一方面则是在重源一代就消失了。或者说远洲所进行的“茶的编集与解体”是否也是一种构筑呢？如此的话构筑的意义又究竟是什么呢？我最为在意的就是这一点。这不禁让人想要推测，矶崎新难道只是试图在和近代建筑有关的“日本的东西”的传统之中给自己赋予一个位置吗？

在“后记”中矶崎新指出了伊势神宫、东大寺南大门、桂离宫均是在时代的转换期（7 世纪末 · 壬申之乱、12 世纪末 · 源平合战、17 世纪初 · 战国）被建造的，而且得到了如下的结论：

“伊势神宫已经将输入的寺院形式进行了排除，企图制造并推举出‘反’。中世被再建的东大寺，一边把宋朝传来的技术整个儿搬挪来并模仿着，一边‘超’越了其原型。桂离宫，则是孕生了从书院造之正统中逃离开的‘非’。哪怕‘反’‘超’‘非’和型是有所差异的，但可以概括归纳如下，这些激烈的转化共通所追求的都是在文化的外压下对可以称为‘日本的东西’的探索。”

总之“日本的东西”，是与既存的传统相对的“反”“超”“非”，也就是说，是经由“解体 · 构筑 = deconstruction”而创造生成的。这一主张和矶崎新的《建筑的解体》有着关联，而且也和“传统是通过不间断的破坏而产生”这一勒·柯布西耶的主张直接地关联。与之相对地，所谓“和样化”，是对潜伏在被构筑而成的“日本的东西”之中的转化期的能量，进行压制，使之枯竭，进行削弱、“洗练”和“纯化”的力量。该书是在暗暗地主张着，必须要具备可以对“日本的东西/日本性 = 作为 = 构筑”和“和样化 = 自然 = 折中”的类似性和差异性进行分辨的眼睛。因为这一对比，不仅是对象的属性之对比，更是在这一层次之上的，能够对对象属性进行审视的，更高次元的批判之眼上所存在的差异。

矶崎新在最后，本着对此书进行总结的意图进行了如下的阐述。

“在世纪变革之际，在日本国内很难产生出具有构筑之力的建筑了。其原因，可以认为是由于日本以不景气为理由进行了收缩和闭港政策。能够唤起危机感的文化外压也不存在了，这使得事态变得更加没有行动起来的动力了。然而，今日世界之构图，使得消失在海上的边界线也再一次没有了意义，闭港更是不可能，最后，不再把日本看作是东北亚的一个孤岛，而把这个世界看作是无数的群岛，又如何呢？至少可以肯定的是，促进和样化的机制（mechanism）是在逐渐消失的。如此的话，‘日本性’甚至都不可能成为一个问题构制了。在我看来这样的情势毫无疑问很快就会发生。即便是出于这个原因，也有必要对我们自囿于岛国，耗费几个世纪被束缚于‘日本’‘日本的’‘日本的东西/日本性’这些架空概念的原因之所在，进行彻底的追问。”

的确就如矶崎新所说的，作为“表现＝モノ（东西）”的“日本的东西/日本性”应该很快就会迎来消散的命运了吧。关于这一点我也是同意的。但我认为“日本的东西/日本性”作为“态度＝コト（事物）”还是会根基深厚地幸存下来的吧。我之所以这样确信，恰恰是因为矶崎新在前文所述中所掩埋着的矛盾。“日本的东西/日本性”，就像大部头[㊀]的“建筑”或“艺术”一样，蕴藏着那种你越是与之对抗，它反而可以一边汲取对抗产生的能量一边延续其生命的系统（system）。若要解决此矛盾，唯有将“日本的东西/日本性”与“表现＝モノ（东西）”割裂，将其作为“态度＝コト（事物）”来理解，只此一途。

注

（1）这是我理解错了。从江户时代起式年迁宫就已经有规则地在执行了。即便如此，在这之后论述的结构也并没有变化。

㊀ 大部头，大文字，意思是特别厚的正统的典籍、建筑或艺术的“正史”“正经体系”。（译者注）

4.2 读：瓦尔特·本雅明《单向街》

“钢结构”与“室内”的辩证法

岩元真明

“钢结构”和“室内”

将单向街论作为建筑论来阅读的话，“钢结构”和“室内”的辩证关系就会浮现出来。对于学习建筑的人来说，对“钢结构”的要素进行理解是比较容易的。因为占了单向街论很大篇幅的，对于钢结构建筑的描写和考察，与正统派近代建筑史的各个流程是可以叠合的。比如说，对于钢结构建筑的建筑类型或透明性的考察，是和希格弗莱德·吉迪恩相一致的，在将新艺术运动㊀和钢结构建筑相结合来考察的视点上，和尼古拉斯·佩夫斯纳的研究有一部分是重合的。本雅明、吉迪恩、佩夫斯纳基本上是同时代的人。

另一方面，“室内”，所照亮的是正统近代建筑的历史

㊀ 新艺术运动，アール・ヌーヴォー，Art Nouveau，指19世纪末至20世纪初以欧洲为中心产生的国际范围的美术运动。（译者注）

中所遗漏的另一个近代。本雅明的“室内”既和产生于19世纪的资产阶级（bourgeoise）之美学相关联，也和波德莱尔㊀的诗作以及超现实主义㊁的作品有着联系。此处的“室内”，和以对近代建筑的超克为目标的后现代主义之后的建筑家，例如库哈斯等所提出的问题系列，也有交叉重合之处。日本学者的话，撰写了《可以生活的家》的多木浩二可以称得上是这方面理论的代表者。

在本文中，通过“钢结构”和“室内”之辩证关系，对现代主义和超现实主义这两大和近代的建筑（≠“近代建筑”）相关的潮流进行区分，并对其在近现代建筑中的表现进行考察。

作为命题的“钢结构”

在单向街论以及总结了其中一部分的《巴黎——19世纪的首都》等著作中，钢结构建筑被赋予了十分重要的意义。在单向街论中，单单“钢结构建筑”就足足占了一章。本雅明认为钢结构建筑不仅仅是技术上的革新，而且是将它作为近代性其本身来认识的。他对吉迪恩在《法兰

㊀ 夏尔·皮埃尔·波德莱尔，シャルル＝ピエール・ボードレール，Charles Pierre Baudelaire（1821—1867），法国19世纪最著名的现代派诗人，象征派诗歌先驱。（译者注）

㊁ 超现实主义，シュルレアリスム，surrealism。（译者注）

西建筑》中所写的“构成起着下意识的作用”这一言辞进行了引用，并说道“在建筑中，和钢铁一同起着支配性作用的，是构成的原理（注 1）”。本雅明根据吉迪恩所提出的近代建筑的正统解释理解到，使用了钢结构的新构造形式，是从在传统建筑中起到支配地位的样式原理中脱离出的一种解放。

并且本雅明还指出，单向街、万博会展馆、火车站以及温室等新生于 19 世纪的这些建筑形式正是由钢结构所构成的，这和《空间·时间·建筑》一书中吉迪恩的视点基本是重合的。他们两人都对钢结构建筑中玻璃的大量运用寄予了关心，由钢铁和玻璃所形成的透明性和内外相互渗透等概念也是两人所共同关心的。这就是之后由尤利乌斯·波泽纳㊀（Julius Posener）所赋名的“非物质化”之倾向，也就是建筑向着轻量性、暂时性、透明性发展之潮流的出发点（注 2）。

就像这样，本雅明的钢结构建筑观和正统的近代建筑史是有着共同的前提的。然而在解释上，则更加接近于他自己所独有的复制技术论。本雅明对钢结构建筑进行了如下的论述。

㊀ 尤利乌斯·波泽纳，ユリウス·ポーゼナー，Julius Posener（1904—1996），德国建筑史学家。（译者注）

“钢铁是……在单向街或博览会场、车站等，在为了暂时的目的而建造的建筑物之中被使用的。(注3)”

“‘极小性’这一尺度，在过去从未曾有过如此这般重要的含义……结果呢，这些是蒙太奇原理在最为早期时的现象形态（注4)。”

在这里受到关注的钢铁的暂时性、大量生产性、蒙太奇性，和《复制技术时代的艺术作品》中本雅明所关注的照片或电影等复制技术的性质是一致的。而且，在本雅明看来，就像独一无二的艺术作品的神圣光辉（aura）随着复制技术的登场而凋落掉一样，传统的样式建筑所具有的光辉，也就是一次性和永续性，也将伴随着钢结构建筑的登场而走向消亡。本雅明认为，“在钢结构中，建筑终于开始脱离开艺术的支配（注5)”。

作为反命题的“室内”

本雅明和吉迪恩在一个点上有着很大的分歧。吉迪恩对于单向街或博览会场等钢结构建筑的内部所展现的小市民的趣味进行了舍弃，而本雅明则是以近乎痴迷的程度对它作了详细的研究。由技术所制造出的“仿造品”，被吉迪恩作为对近代的反动来认识，本雅明则把它作为以产业资本主义为背景诞生出的近代性的一个侧面来看待。换而言之，对于钢结构建筑，吉迪恩的分析几乎始终围绕着框架在力学构造上的推进和其视觉上的表现来展开的，本雅明则没有将目光只投向构造体，而是对其内部也给予了关注。他尝试用“室内”的概念来对其进行捕捉。

单向街论的一个章节“室内、痕迹”，对产生于19世纪的资产阶级美学从各个侧面进行了考察。比如说，“装饰用纸只通过张贴就可以得到美妙的哥特样式”或“东方风格”，或“古代仿品”的替代物。本雅明将这些趣味进行总结归纳，并说道“各种样式的变装游行队列，贯穿了整个19世纪（注6）”。充斥着居住者的痕迹，布满了装饰，各式物品都被套上一层外皮，这是个人主义的小宇宙。本雅明将之称为室内的幻象，认为它是因复制技术而消逝的“艺术”的最后根据地。

如此，“室内”可以说起到的是和“钢结构”相反的作用，“钢结构”带来了光辉的凋落，“室内”带来的是与之相对的反作用。“和玻璃与钢铁的装备形成对抗的，墙纸张贴技术是靠其布料来守护自身的（注7）”，本雅明如此说道。19世纪末的摄影家们使用修正技法来给照片赋予绘画般的效果，对氛围进行营造（注8）。同样地，19世纪初的钢结构建筑也是用各种古代趣味或样式、壁纸、布料等将自身包裹了起来。被本雅明称为“建筑的假面”“空间的变装”的这一现象，意味着被“钢结构”所驱逐了的建筑的光辉，在“室内”中被再一次捏造了起来。本雅明认为，通过装饰性地使用铁，试图为了艺术将钢结构建筑进行夺还的新艺术运动，是对光辉进行捏造的最高度的表现，并且带来了“室内”的完成。既对“铁”这一近代技术进行了利用，也试图守住源于近代之前的艺术概念，这样的新艺术运动，对于本雅明来说是“梦到醒过来的梦[一]（注9）”。梦即为“室内”，醒来即为“钢结构”所预告的未来，这体现出了本雅明独特的辩证法精髓。

“钢结构”和“室内”的对比，在19世纪的理工科学校（巴黎综合理工大学[二]）和美术学校（巴黎美术学院[三]）的对立中，以及在建造家和装饰家的对立中都是共通的。更进一步，两者的对比也象征着近代技术和艺术之抗衡，同时也和两种政治形态即社会主义和资本主义的对立有一定关系。对本雅明来说，钢铁和玻璃的建筑，是接近于傅立叶或圣西门所梦想的具有透明性的社会主义之乌托邦的存在，“室内”则是和波德莱尔所描绘的产业资本主义下具有迷惑性的都市美学相关联。

㊀ 梦到醒过来的梦（看到了一个梦、梦里梦到醒了过来），目覚めているという夢。（译者注）

㊁ 巴黎综合理工大学，École polytechnique，ポリテクニーク，于1794年创立的法国工程师学校，创立时校名为“中央公共工程学院”。（译者注）

㊂ 巴黎美术学院（布扎），École des Beaux-Arts，ボザール，于17世纪在巴黎设立的法国高等美术学校。（译者注）

“玻璃之家”的可能性

《单向街》中有如下的这样一节：“把布勒东[㊀]和柯布西耶包在一起——也就是说，把现在的法兰西精神像拉起一张弓那样使其充满紧张感。用这张满弦的弓发射出认识之箭，一瞬间击中心脏（注10）”。

本雅明关注了两个运动，由此来审视将“钢结构”和“室内”进行统合的可能性。一个是以柯布西耶为代表的现代主义运动，另一个是以布勒东为代表的超现实主义运动。柯布西耶和布勒东两人反目的事件十分有名，本雅明却发现了他们两人之间颇有意思的共同点，那就是“玻璃之家”。

现代主义的“玻璃之家”是“钢结构”的延续，透明性和相互渗透是其本质。本雅明这样说道，“在我看来，柯布西耶的作品，伫立于‘家’这一神话造型的终点之处（注11）”。

所谓“神话造型的终点”，可以认为是对“室内”的彻底的破坏。柯布西耶、密斯、格罗皮乌斯等现代主义的

㊀ 安德烈·布勒东，アンドレ·ブルトン，André Breton（1896—1966），法国诗人和评论家，超现实主义创始人之一，他和其他超现实主义者追求自由想象，摆脱传统美学的束缚，将梦幻和冲动引入日常生活，以创造一种新的现实。其代表作品有《超现实主义宣言》等。（译者注）

巨匠们汇聚于一堂的1927年德国工作联盟住居展，就令人想起这一层含义。在宣传海报上，用装饰性的饰材和日用品装点的19世纪的室内，被盖上了巨大的红色叉号进行了否定，清晰明白地展现出了要将室内的痕迹彻底消去的意志。密斯的范斯沃斯住宅可以说是这一理念的终极典范。

另一方面，超现实主义的“玻璃之家”则是“室内”的延续。本雅明对布勒东的《娜嘉》/*Nadja* 进行了这样的评述，“在装设有玻璃的家中居住，是无上的革命性美德，也是一种陶醉，是一种道德上的露出主义，而且对于我们来说是必要的（注12）”。

超现实主义“玻璃之家”的主干是露出主义，也就是将人类的痕迹裸露出来。这和在《复制技术时代的艺术作品》中所考察的达达主义的创作有着相似之处。在达达主义的绘画中，通过将纽扣、票根等垃圾碎屑进行蒙太奇手法的处理，在作品中按上复制的烙印，对光辉（aura）进行消灭。完全同样地，超现实主义的“玻璃之家”也是通过将痕迹进行剥离进行裸露而对光辉进行破坏。换而言之，这是一种不对痕迹进行消去，不对光辉（aura）进行捏造，而诞生出作品性的尝试。就像“室内”被从正统的近代建筑史中遗漏掉一样，超现实主义在近代建筑的历史中也从未被回顾过。

如上所述，本雅明从“钢结构”和“室内”辩证关系的结局中，看到了两极化的两种可能性，即作为命题的“钢结构”之延续的现代主义，和作为反命题的“室内”之延续的超现实主义。然而，本雅明没有偏向于这两者的任何一方，而是通过将两者都囊括在内，得到了真正的醒悟，也就是合命题的到来。19 世纪巴黎的单向街，正是因为有着这种辩证法式的形象（image），才化身成为了本雅明世界观的中心吧。

从本雅明的文字中可以读出的关于“钢结构”和“室内”的辩证关系的内容，到此即为全部。以下切换到结论部分，“钢结构”和“室内”之辩证关系在近现代建筑中是如何表现的呢？我们将一边快速回顾一边尝试对此进行探讨。

近现代建筑中的展开

如前文所述，现代主义是对“室内”进行了舍象而追求“钢结构”之延续的建筑运动。这不是对本雅明辩证法的统合，而只是对命题的纯粹化。而与现代主义的意图相反的是，即便到了 20 世纪之后，建筑中的“室内和痕迹”也并没有消失。现代主义的社会主义之侧面，和傅立叶、圣西门等人的乌托邦是同样的，可以说在当时过于乐观。在现实中资本主义社会孕生出了无数的中产阶级，孕生出了无数的商品，室内中充溢了更多的痕迹。在1972年出版的文丘里的《向拉斯维加斯学习》，可以说是对这种中产阶级的“室内和痕迹”进行关注的建筑界最初期的尝试。

几乎同一时期，雷纳·班纳姆[一]对吉迪恩等第一代近代建筑史学家们对建筑构造之侧面的偏重进行了批判，并著写了关于空调或照明等对室内起到支配作用的建筑环境技术的《良好环境的建筑》（1966年）。把建筑作为“被调整的环境”来看待，这一视角和关注于单向街或温室中人工室内环境的本雅明的视角是相通的。

建筑家雷姆·库哈斯在1978年的《错乱的纽约》中谈到，本雅明在19世纪的巴黎观察到的“室内”的幻影，可以在20世纪的曼哈顿中发现它更加浓厚的影子。巨大的室内、内部与外部的乖离、对世界的捏造、自然模仿。库哈斯称之为曼哈顿的现象，和本雅明称之为“梦之家”的“室内”现象，奇妙地几乎一致。对其起到支撑作用的技术，本雅明称之为幻影[二]，库哈斯称之为空想世界的技术。在《错乱的纽约》中，库哈斯对于把达利和柯布西

㊀ 雷纳·班纳姆，Peter Reyner Banham，レイナー・バンハム（1922—1988），建筑理论家、建筑批评家。其著有《第一机械时代的理论与设计》等。（译者注）

㊁ 幻影，ファンタスマゴリー，Fantasmagorie，Phantasmagoria，Fantasmagoria，指的是18世纪末在法国被发明的、利用幻灯机的幽灵表演。（译者注）

耶，即超现实主义和现代主义相对照式的分析也十分感兴趣。可以说，如字面意思，库哈斯是想要“把布勒东和柯布西耶包裹在里面”。在2000年左右的时候，库哈斯在名为《垃圾空间》/*Junk Space*的文章中，将飞机场、购物中心等资本主义所孕生出的空间称作垃圾空间，那里有着被聚光灯所照射着的过剩的室内的痕迹。他的实际作品，例如波尔多住宅㊀（1998年）或西雅图公立图书馆（2004年），也展示出了现代主义的和垃圾空间的，即“钢结构”和“室内”的辩证式的归结。

在和《错乱的纽约》发表在同一年的1978年，弗兰克·盖里在自宅的设计中对商品化产物的既成制品进行了有意的组合、装配。盖里将金属波板、金属网、合板等价格便宜和普通的既成建材特意地使用了蒙太奇手法，把它们所具有的模造品性质公开和曝光，这和本雅明所指出的达达主义的手法是相似的。法国建筑设计事务所Lacaton & vassal在东京宫㊁的改造（2002年）中将旧装饰材料剥掉，将各种各样的痕迹直接展现在眼前，这一手法也和超现实主义的“玻璃之家”的露出主义有联系。

㊀ 波尔多住宅，Maison a Bordeaux，ボルドーの家。（译者注）

㊁ 东京宫，Palais de Tokyo，パレ・ド・トーキョー，位于法国巴黎，原本是1937年作为万博会的日本馆，后于2002年经改造作为现代艺术美术馆重新开馆。（译者注）

另一方面，像SANNA的作品那样，对现代主义“玻璃之家”的透明性不断地进行追求的现代建筑也是存在的，这是终极的“梦到醒过来的梦”。他们都倾向于采用植物的态度这一点也很有意思，我想在其中没准还可以发现和新艺术运动的连接点。

注

(1) 本雅明，《巴黎——19世纪的首都》，久保哲司译，《本雅明全集》，ちくま学艺文库，1995年，329页。

(2) 尤利乌斯·波泽纳，《近代建筑的招待》，田村都志夫译，青土社，1992年。

(3) 本雅明，《巴黎——19世纪的首都》，《本雅明全集》，329页。

(4) 本雅明，《单向街》第1卷，今村仁司、三岛宪一等译，岩波现代文库，2003年，367~368页（［F4a, 2］）。

(5) 本雅明，《巴黎——19世纪的首都》，《本雅明全集》，333页。

(6) 本雅明，《单向街》第2卷，今村仁司、三岛宪一等译，岩波现代文库，2003年，46页（［I3, 4］）。

(7) 本雅明，《单向街》第2卷，46页（［I3, 1］）。

(8) 关于照片中氛围的捏造参照了以下论述：本雅

明，《照片小史》，久保哲司译，《本雅明全集》，567 页。

(9) 本雅明，《单向街》第 3 卷，今村仁司、三岛宪一等译，岩波现代文库，2003 年，16 页（[K2，6]）。

(10) 本雅明，《单向街》第 3 卷，177～178 页（[N1a，5]）。

(11) 本雅明，《单向街》第 3 卷，54 页（[L1a，4]）。

(12) 本雅明，《超现实主义》，久保哲司译，《本雅明全集》，499 页。

历史的效用

难波和彦

同本雅明的相遇

瓦尔特·本雅明对与建筑的关系进行的论述并没有很多。实际上有着很深的关系但却很少论述的原因是什么呢？大概是因为本雅明论述的是过于宏大的问题，而用一般的办法是无法理解的吧。对于我来说也是这样的，哪怕到现在也依然如此。

我知道本雅明的存在，是在 20 世纪 70 年代初期，他最早的著作集出版的时候。那时我对历史还没有什么兴趣，当时读完也并没有十分理解。真正读进去的时间，是又经过了十多年以后的 20 世纪 80 年代中期。在 1987 年，我作为议长参加了战后出生的建筑家百人举行的“建筑设计会议”。这次会议的主题是媒体和建筑之间的关系，其中一位建筑家提到了当时很具有话题性的索尼随身听（walkman），并提出“建筑是不是没有办法战胜 walkman 呢”的主旨问题。由于 walkman 的出现，人们可以在外面一边散步一边听优质的音乐了。在城市空间中听到有魄力的音乐时，城市的样貌会看起来完全变了样子。Walkman 将空间体验的质完全改变了。其强度会不会甚至超过了现实中建筑空间的体验所带来的效果呢？大致上是这样的主旨发表。总而言之就是主张，对人来说，比起物理层面存在的空间来，“作为现象的空间”也就是被体验的空间的质更为重要。此主张可以说是基于以下理论提出的，即柯林·罗在《手法主义和近代建筑》（注 1）中与“透明性（Transparency）”相关的论文（《透明性——虚与实》）中所提出的，字面意思的（实的）空间和现象的（虚的）空间之对比。这次会议有许多领域的专家参与，美术史学家伊藤俊治和文化人类学者植岛启司也在其中。两位对这一主张进行了评论，指出这是关于新技术所造成的时代的知觉变容问题。在此之上向在座的建筑家们介绍了对此问题有所思考的理论家本雅明，并向大家极力推荐了他的著作《复制技术时代的艺术作品》。

在会议上两位学者所提出的主张，至今也清晰地留存在我的记忆中。“在新信息技术快速发展的现代，大家在期待着第二个本雅明的出现”。我开始对本雅明进行正式的阅读就是在那之后。看一看从那时到现在的 IT 技术的急速发展就能明白，不只是音乐，还有更具真实感的影像等，在网络世界中声音和影像已经扩展到成为了另一个“现实”。而上述问题的构造并没有什么质的变化。无论是本雅明所提出的技术进展和知觉变容也好，还是建筑设计会议上年轻建筑家提起的由于媒体而发生的空间体验的变容也好，都依然还是当代的问题。

光辉（Aura）

在《复制技术时代的艺术作品》出版时，正是现代主义设计运动即将迎来其终结的 1936 年。该书揭示出 19 世纪出现的照片和电影等复制技术对古典艺术的存在意义进行了颠覆，并对大众的知觉和感性被重组转换的过程进行了分析。本雅明所主张的是，绘画或雕塑等这些古典艺术由于仪式功能所带来的“光辉（aura）”，通过复制技术而被拂去了。照片和电影等这些新艺术的社会功能，使大众的知觉和感性转变成为与革命后诞生的新社会相符合的状态。

由于该书，“光辉（aura）”一词变得有名起来。然而本雅明对于光辉的定义是，“无论多么靠近也无济于事，只能在某个距离上才能显现得出一回的东西”，这仍是令人茫然和难以理解的。经过近代的复制技术之后，实际上光辉究竟是否被拂去也是暧昧不清的。本来本雅明对于光辉（aura）的态度就是二义的，并不十分清晰。就像在《历史哲学命题》中本雅明自己曾说过的，需得从19世纪以前艺术遗物之光辉的否定性（用本雅明的话来说是“废墟”）中解读出积极的意义，这是作为历史学家的本雅明的任务和工作。也就是说要一边向前看，把视线投向新技术的可能性，同时也要向后看，从那些和历史一同消逝而去的讽喻（allegory）和光辉（aura）之中找出一些积极的意义。本雅明的思想之所以难以把握，其原因也许就在这一点上。深入地阅读本雅明的著作就能够体会到，正因为光辉含义的容许度和多变性，才会直至今日令它仍然具有生命力。这么说是因为，光辉，不仅是艺术对象自身所具备的特性，而且也是对对象进行鉴赏的主体（人）所具备的知觉图式中衍生出来的特性。技术使知觉发生改变，这一观点是康德式的。那么，光辉就不是被消去，而是在主体中一边变化一边延续下来。能够从书中感觉到本雅明似乎也是这样期待的。

由于新技术、艺术的生产样式发生了转换，这一本雅明的主张和现代主义建筑运动是共通的。现代主义建筑运动尝试着利用近代工业技术之产物的钢铁、混凝土、玻璃来形成新的建筑空间。现代主义建筑运动还对19世纪建筑所带有的装饰进行了否定，追求即物主义的表现，说这是对光辉的消除也是合适的。与之相对地，即便是生活于同一个时代，本雅明所关注的也并不是20世纪20年代的现代主义建筑，而是19世纪后半叶的由钢结构所造就的单向街。这里也可以窥见一些本雅明错综复杂的思考与视线，关于这一点会在后面进行讨论。

建筑上的无意识

在《复制技术时代的艺术作品》中，本雅明对在历史的转换期，新技术改变了大众知觉的这一过程，以对建筑进行鉴赏为例进行了说明。本雅明对此进行说明的这部分文章我曾多次引用，这一段是具有决定性的，所以在这里也进行介绍。

“对建筑所产生的作用进行思考，这对所有试图解释大众与艺术作品之关系的研究来说都是有意义的。建筑物通过二重方式，使用行为和鉴赏行为，而被人所感受。或者说触觉方式和视觉方式，也许这种说法更好一些。这种感受的概念，和旅行者站在著名建筑面前时的那种精神集中的方式是完全不一样的。也就是说，在视觉感受上的静观，在触觉感受上是没有类似之概念的。触觉感受的获取途径，很少通过关注的方式，而是通过习惯的方式。在建筑中，通过习惯所获得的感受，甚至对视觉感受中的很大一部分都起着决定性作用。并且，即便是视觉上的感受，原本比起通过紧张地关注于某处这种方式，更多的是从偶然目光所及之处所产生的。从建筑中可以学到的这种感受的方式，在某些情况中具有规范层面的价值。实际上，在历史的转换期被加之于人们知觉器官上的诸多课题，单凭视觉的方式，即还按静观的方式是无法解决的。这些课题，只有通过时间，只有通过触觉感受所形成的习惯，才有可能被解决。习惯这件事，放松状态下的人也可以做到。不仅如此，只有当某课题能够被轻松地解决时，人们才会开始慢慢习惯于课题的解决。判断历史上被加之于知觉上的诸多新课题有可能被解决到什么程度，可以用艺术提供了什么程度的轻松作为大致标准，来进行检查。(注2)”

“触觉感受”和“视觉感受”以及“习惯”和“静观”这两两相对的感受方式，在别的翻译版本中也被译为“散漫的意识”和“注视”。也许本雅明只是把从照片或电影这样的新技术所孕生出的艺术感受方式，比作自古以来就存在的建筑感受方式。但是在我第一次读到这篇文章时起，我就认为这两种感受方式是抓住了建筑的本质的。并在之后对这一问题从文化人类学或符号论等视角进行探讨时，我认为这两种感受模型，不仅可以适用于近代建筑，而且可以适用于由近代技术所生成的所有工业制品。我注意到，建筑的触觉感受，即经过一段时间后形成的对建筑的习惯，就是对建筑空间的体验进行了无意识化，对空间进行了身体化。于是我将它命名为“建筑上的无意识”，并进行了如下的定义。这一定义即使到现在也对我的建筑设计观起着决定性的作用。

“所谓建筑上的无意识，就是通过建筑与人的相互作用而形成的系统中的定常回路。不只是使用者，建筑家也有着这种回路。在符号论中这种回路被称为 code · 代码（符号体系）。它是身为生物物种的人类被嵌入的遗传代码，是在历史中形成的文化的、习惯的代码，是个人习惯的代码等，是各个层次上的回路缠绕交错在一起的网络（network）……作为我来说，不仅想要阐明建筑上的无意识，更想要通过引入可以撼动和改变它的手段即设计行为，从而和技术（technology）层面的问题联系起来。希望可以通过建筑上的无意识与技术的一体化，从而产生出 mind-ecological design。（注 3）”

单向街论和金属建筑论

本雅明思想的特异性，在于通过技术对艺术进行理解这一点。想要通过下层结构来对上层结构进行理解，可以说是马克思主义式的。然而却又和下层结构决定上层结构的那种马克思主义方式有着决定性的不同。上层结构在保持着其自身的自律性的同时，也受到下层结构的影响而产生变化。在历史的长河中，两者一边保持着紧张的关系，一边在不断地重复着相互作用的过程中逐渐变化，这是本雅明对于历史的观点。而《复制技术时代的艺术作品》正是对历史的构造所进行的分析。

这一逻辑，和建筑的逻辑是完全同型的。在建筑中，建造建筑的技术（建设技术和设备技术）、使用技术达成的用途（功能）、建筑上的表现（符号），是多层次的。我将其称为“建筑的四层构造（建築の四層構造）”，这也是从本雅明的论著中得到启发而形成的图式。

近代建筑经常被说有着机械的印象（image）。的确如其所言，但机械并不仅仅是一种印象，工业化、生产样式、功能性等机械合理性完全渗透在了近代建筑的内部。马克思曾说过，工业生产中真实的机械化和生产样式中人的机械式组织化，两者是表里一体的。接受了这一思想的批评家路易斯·芒福德在《机械的神话——技术和人类的发达》（注4）中对马克思的理论进一步进行了扩展，他主张，机械化的历史，是与人思考的机械化（合理化）和社会的机械化（bureaucracy）的历史相平行的。同样地，本雅明也认为，于近代产生的最为精细的、最具代表性的机械——照相装置，之所以可以在现实中作为机械发挥功能，正是由于浸透于社会中的认识论层面的“照相装置”，即透视法和客观性这些知觉图式在起着支撑作用。简而言之，技术并不是单独地发展的，而是伴随着与之相对应的思考与知觉的技术化，技术所达成的生产物技术合理化，以及对技术起着支撑作用的社会之技术组织化。各个层面都有着其自洽的逻辑，并和其他层面难以割裂地连接在一起。在近代，技术发生了最为急速的发展，其他层面被技术硬拖着往前走，相互间形成了差距。

在本雅明未完成的草稿《单向街》中，选择了由19世纪新出现的钢结构技术建造的商业空间单向街，对在其中展开的各种城市现象进行了断片式的收集。对于畅想着技术带来乌托邦式未来图景的空想社会主义思想，对于工业生产的浸透而形成的商品物神化和万国博览会，对于在单向街中彷徨着的游荡者（flaneur）的出现，对于照片、电影等新兴艺术带来的人们感性与知觉的改变，对于在日常性之中融入了无意识的、超现实主义式感性的出现，对于被称为室内化的城市空间的变容等，本雅明试图对这一系列城市现象在历史上的并行性和相互作用进行细致的分析，这可谓是一项伟大的尝试。从历史阶段来看，钢结构展现出成熟的完成状态是在20世纪20年代之后的现代主义建筑运动最为鼎盛时的美国，也就是本雅明生活的时代，但他却将目光投向了钢结构技术仍未完成还在发展中的19世纪时的巴黎。也就是说，他想要捕捉的是各类城市现象还在发展中的状态。在我看来，本雅明是不是想一只眼看着在20世纪堕落成了冲突与废墟的历史，一边想尝试在19世纪中探寻出与之不同的另一种历史的可能性呢？我想这才是身为历史学家的本雅明的真正姿态。

我尝试对同样的问题从建筑的视角来进行捕捉，通过回溯19世纪之后直至现代之前的钢结构建筑的变迁，尝试从技术的侧面来看现代主义建筑运动的展开，形成了“金属建筑论”。这可以说是对本雅明视角的描摹，但有决定性不同的一点是，我的目光不是投向过去而是投向21世纪的未来。在文章开头我是这样写的：

“金属建筑真正地出现是在19世纪以后。经过产业革命诞生的可以对金属进行大批量生产的精炼技术是其起因。金属建筑在最初是由以手工业为中心的传统建筑生产技术来建造的，直到二战后才可以由近代化的工业生产技术来建造。向着近代化的工业技术发展的时代潮流，其背景就包括近代科学的发展，近代的科学是由合理的、逻辑的思考方法所支撑的，所以金属建筑可以被理解为是近代特有的合理的、逻辑的思考的空间表现。从这个意义上，对金属建筑的历史进行回溯，甚至可以说是从特定的视角对近代建筑史的重新审视。这是把焦点放在近代建筑史的一个侧面之上，并且其自身也可以肯定地说是对历史观的一个新的提示。将工业化、机械化、分工化、轻量化、要素化、功能分化、均质化、透明化、非物质化、短寿命化、环境控制化、商品化、民主化、资本主义化等这些诸多潮流作为历史的必然来看待的历史观。关于这些潮流的每一个方面的内容，将在本章中进行探讨。在本章中将会尝试用这样的历史观来对近代建筑史进行逆向照射，并更进一步利用它形成对近未来建筑的投影。（注 5）”

柯布西耶与本雅明

政治学者汉娜·阿伦特[㊀]在《在过去与未来之间——政治思想的八个试论》（注 6）之中，对历史家的想法和政治家的想法进行了比较。在这里阿伦特说道，历史家更重视过去，政治家更重视未来。当尝试把本雅明（1892—1940）放到这种对比之中时，立即会浮想出的，就是基本上和他生活于同一时代的勒·柯布西耶（1887—1965）。柯布西耶作为现代主义建筑运动的核心人物，留下了许多他参与设计的城市规划。“光辉城市”是对巴黎进行大规模城市改造的提案，这一规划使人联想到 19 世纪中叶时由奥斯曼主导的巴黎城市改造。勒·柯布西耶作为 CIAM（国际现代建筑协会、1928—1959）的中心成员，对未来

㊀ 汉娜·阿伦特，ハンナ・アーレント，Hannah Arendt（1906—1975），德国哲学家、思想家、政治理论家，著有《人的境况》/*The Human Condition*、《在过去与未来之间》/*Between Past and Future*、《极权主义的起源》/*The Origins of Totalitarianism*、《论革命》/*On Revolution* 等著作。（译者注）

城市的理想图景在《雅典宪章》（1933年）中作为“功能的城市”提案进行了总结。他持有的立场是将既存城市先恢复为一张白纸，并在其上描绘出新的未来城市，这一点可以说是十分政治家式的。

柯布西耶以城市规划师的目光去看19世纪的巴黎，认为它是亟须近代式改造的城市空间。与之相对地，本雅明以历史家的目光去看，发现了19世纪的巴黎是充满了多重意义的、具有魅力的城市空间。柯布西耶的目光朝向“未来的变革”，本雅明的目光朝向的是“过去的发现”。在近代的城市规划中，两者未曾有任何交叉。

然而，在21世纪低成长时代的成熟社会中，柯布西耶“光辉城市”那样的、唯未来志向的城市规划已经不再能通用了。我们在将视线投向未来的同时，也十分有必要把本雅明那种面向过去的视线收拢在内。在人口逐渐减少的低成长时代，由巨大的能源消耗所支撑着的广大郊外型城市已经不再适用。工作场所和生活场所相邻近，城市的诸多功能以更有效率的方式组织在一起的紧凑型（compact）可持续发展的城市才是适合的。城市本来就是各种各样功能的混合和聚集才得以成立的场所。都心居住才是近未来城市的居住形态。

那么，这样紧凑型可持续发展的城市要怎样才能形成呢？可以肯定的是，不能再依靠像以往的城市再开发那样，根据城市总体规划（master plan）而将所有都清除再重建的“外科手术式”的规划，而是要依靠那种把较小规模的个别开发进行联动，渐进式地使街道发生转变的“内科疗法式”的规划。深入到个别项目层面上时，拆除重建肯定是有的，但主要以更新㊀和改造㊁为主。城市中心地区已经积蓄了大量的存量建筑，首先需要的就是具备“历史学家之眼”，要对这些建筑进行深入的观察，对其出现的历史经过进行调查，对其潜在的可能性进行探索。其次需要的就是要具备“城市规划师之眼”，从观察到的细微条件中对新的空间进行思考，孕育出新的城市。通过迄今为止尚未有过交叉的这两种目光，是不是就可以由历史诞生出多层次的、紧凑的、富饶且可持续的城市了呢？21 世纪的，特别是东日本大震灾以后的街区营造中，需要的是柯布西耶的角度和本雅明的角度的统合。

注

(1) 柯林·罗，《手法主义与近代建筑——柯林·罗建筑论选集》，伊东丰雄、松永安光译，彰国社，1981 年。

(2) 瓦尔特·本雅明，《论波德莱尔其他五篇》，野村

㊀ renovation，更新、翻新，不同于前文所说的城市再开发的那种大规模集中式更新。（译者注）

㊁ conversion，改造、转变用途。（译者注）

修译，岩波文库，1994 年。

（3）难波和彦，《建筑式无意识——技术与身体感觉》，居住图书馆出版局，1991 年。难波和彦，《建筑的四层构造——关于 sustainable design 的思考》，INAX 出版，2009 年。

（4）路易斯·芒福德，《机械的神话——技术与人类的发达》，樋口清译，河出书房新社，1990 年。

（5）难波和彦，《金属建筑论——另一部近代建筑史》《系列城市·建筑·历史 9——材料·生产的近代》，铃木博之、石山修武、伊藤毅、山岸常人编，东京大学出版会，2005 年。

（6）汉娜·阿伦特，《在过去与未来之间——政治思想的八个试论》，齐藤纯一、引田隆也译，みすず书房，1994 年。

4.3 读：安德烈·勒鲁瓦-古昂《姿态与语言》

从欠缺处产生的新节奏

杉村浩一郎 + 佐藤大介

手和脑的解放

“从最广泛的意义上来看，人类能达到现在所处的位置，是直立位赋予了一切以条件（注1）”。

与其他动物相比，人类的进化（脑的发达）取得了飞跃性的进展。以下本文将对于人类进化中最为重要的转换点，和勒鲁瓦-古昂提出的进化的大致脉络进行简单回顾。四足行走的动物，吃东西的动作、抓取的动作、搏斗战斗等许多行为都需要使用口部，必然地，牙齿和下颚会变得发达。发达的牙齿和下颚会导致头部变大变重，在到达颈部肌肉可以支撑的重量的临界点时，头部就不可能变得比这更重了（换而言之就是脑部就没有变得更大更发达的余地了）。与此相似地，人类从猿进化到了人猿，而人和其他动物有着决定性不同的一点，是在这一过程中达成了二足站立和二足行走。可以用二足来站立和行走的人类，由于站立而使双手获得了自由，可以使用双手来替代牙和下颚，负担变轻的牙和下颚于是变得越来越小。而且，站立使得头部的重量不仅可依靠颈部支撑，背骨、躯干全体都对重力形成垂直方向的支撑，其结果就是头盖后头部向后方下移，从而使得大脑空间可以进一步变大。获得自由的双手也伴随着姿态一起形成了沟通手段（communication），被触发了的大脑进一步地在变得更为发达的过程中掌握了语言。于是双手创造了道具和技术，并通过语言使得大脑更进一步进化，逐渐扩展为人类所特有的精神和文化。这种人类特有的精神和文化，构成了人类的时间和空间，被勒鲁瓦-古昂流派称为“节奏”（rhythm）。

“种种节奏，至少对于主体而言，就是空间和时间的创造者（注2）”。

被外化的记忆

“从家的样貌之中，那些居住者都基本未注意到的苦闷、怨恨、破坏的冲动，甚至不经意间形成的死或崩坏等，都会表现出来（注3）”。

在探访古宅的时候，感受到的不仅仅是家的古旧或居住者的生活痕迹，类似于居住者在其中所经历的感情的痕迹，有时也是能够感受得到的。内心的喧嚣，全身游走的紧张，想要更长时间逗留，或者想立马逃离那里，无法用语言说出的感情。这些都是单靠照片或录像所无法表达清楚的，用“怀旧”等这些词语也无法涵盖的。家，对居住者经历的感情产生了记忆，好像家自身就具有感情一般向我们娓娓道来。

让我们通过阅读《姿态与语言》来领会，家所具有的作为记忆装置的作用。

获得了姿态（技术）和语言（文化）的人类，以群体的形式居住生活在一起，对事与物进行共有，通过语言进行意志的沟通。通过这种方式，将原本由个人所具有的技术、知识、思考、感情等记忆，在多人共存的社会之中像做加法那样进行了倍增，加快了进化的速度。这一流程作为“记忆的外化”使得个体自由和群体发展成为可能。

“民族记忆被置于动物物种之外的结果，是出现了个体可以走出既成民族框架之外的自由，以及民族的记忆本身进步的可能性（注4）。”

“人类的所有进化，和人类将相当于动物界中的物种适应（adaption）的部分放到人类框架之外的这一过程，两者是一致的（注5）。”

关于这一被外化的记忆，勒鲁瓦-古昂将其分成“媒体的记忆”“社会的记忆”“经验的记忆”三部分。“媒体的记忆”是将记忆进行外化的手段，指的是语言、书物、绘画、计算机硬盘等这些记忆媒体自身，目的就是把自己的思考进行传达，书写记录，留存于历史之中。四万年前人类在洞窟中描绘的壁画，表明了“家”也曾是“媒体的记忆”的一种。“社会的记忆”，只有当自己和他人聚集在一起的时候才开始成立，将记忆进行外化的同时自己也成为其中的一部分。举个例子，节日庆典是自己和他人在一起举行群体性活动才得以成立的，而且庆典活动不断积累下的历史可以使自己和过去的人们之间产生联结，使自己同这个场所的地域性之间有可能成为一体。神社或寺庙等，作为这些“社会的记忆”所发生的场所而存在，而且其自身也成为了“社会的记忆”。“社会的记忆”生出群体固有的认识，进而也意味着民族和文化。所谓“经验的记忆”，虽然是物质所持有的记忆，但和“媒体的记忆”有所不同，并不是为了直接地传达记忆而准备的，而是可以从中读出哪些地方、哪些人曾经存在的，那种使用后的痕迹。就比如说，现在请回想一下你曾经住惯了的家或场所。那其中不只有功能性的侧面，也会有自己生活于此的痕迹、回忆、喜爱使用的物品之类。不仅是自己生活过的家，他人曾生活过的旧宅，也可以从生活过的气息或到处都存在的痕迹中，对曾经居住于此的人物像有个大致印象。这些，虽然不具备功能上的重要性，但对人类的温暖或乡愁、寂寞或快乐等这些感情进行了记忆。此种可以令人想起居住者的生活或想法的东西，既是“经验的记忆”，也是“媒体的记忆”和“社会的记忆”所无法全部解释的存在。还是在开篇提到的家所具有的感情，关于这种“经验的记忆”，多木浩二在《可以生活的家》中是这样叙述的：

“不会被赋名的，也不可能直接解读的，甚至连它为什么会在那里的来历也不清楚的，都会被家所记忆着（注6)”。

“家这种东西自身就是记忆。并不只有我的，也有我的祖先们的痕迹，甚至，超越了家族，使得家一步一步进化而来的人类时间的痕迹也堆叠于其中（注7)”。

“经验的记忆”，是使家成为家的根据，也是使人成为人的基础。而且家是进行这三种记忆的记忆装置，是使得到姿态和语言之后的人类能够继续进化的其中一个要因。然而现代主义想要做的则是只保留“媒体的记忆”和“社会的记忆”，试图把“经验的记忆”给排除掉。

“近代设计，试图将人类学意义上的时间多元性，通过割裂过去而使其一元化……主张从零重新开始……凡是被这样设计出来的住宅，我都认为它是现代主义的（注8）”。

现代主义在当时之所以没有能够完全地成功，没能得到人们的留恋和长久喜爱，就是因为不能从其中感觉到“经验的记忆”。其为没有感情的，无机质般的存在。然而奇妙的是，现在我们可以从现代主义建筑中感受到亲切感，这大概是因为在经历了几十年之后其自身具备了“经验的记忆”吧。现代主义的“经验的记忆”，是通过历经时间而得以成立的。

东日本大震灾以及伴随发生的海啸使沿岸地域的街区失去了所有的一切。作为“媒体的记忆”的书或照片相册等都被冲走了，但这些记忆由于云储存（cloud computing）的发达而得以保存下来。“社会的记忆”通过幸存的人们可以再一次地构筑起来。然而“经验的记忆”却被全部冲走了。被下达了避难指示的福岛第一核电站周边地域也是同样的情形。这种状态正是现代主义所谋求的有可能从零开始构筑的状态。但是却没有现代主义建筑用来培育“记忆”的延缓时间。为什么这么讲呢？受灾者由于缺失了“经验的记忆”，本来由三种经验所构成的节奏就发生了崩坏，正处于即将失去人类应有的根据的情况之下。为此，十分有必要尽早对“经验的记忆”进行紧急的再构筑。家不能没有感情。再加上，为了在今后不再失去“经验的记忆”，家，不仅需要不易损坏的这种物理层面的维持，也必须要找到新的“经验的记忆”的维持方法。只要在未来，家还是人类进步的要因之一，人们就可以找到获得新节奏的方法。

变化了的节奏

记忆在被外化之后，技术或语言所承担的作用被计算机等人工智能所取代，新的时代到来了。然而另一方面，勒鲁瓦-古昂也提示需要警惕通过进化所获得的技术，和更进一步进化后将会产生的技术。

在该书被写成的20世纪70年代，全球迎来了能源革命的大转折期。以第四次中东战争为开端，全球都进入了不景气期，并经历了由英国、美国开始扩大开来的新自由主义浪潮。在日本，在高度经济成长期之后的更进一步发展中，需要高输出功率且稳定的电力能源。备受瞩目的是当时处于萌芽期的原子力发电。于是原子力发电这一新技术就在论证仍不充分的状态下，事故风险被当作不会发生的、成本中刨除了核燃料废弃物最终处理费用的情况下，替换成了伪造出的安全性和经济性，再加上核电站给地方上带来的交付金，以及城市中大量的电力消费需求，更是推动和促进了对它的依赖。自此之后经过将近半个世纪到了今日，尤其在东日本大震灾福岛第一核电站事故之后，确确实实地，人们开始意识到既有能源存在的问题并开始寻求变化。笔者试图在勒鲁瓦-古昂的言语中找到这种被大家所寻觅的变化，并试着进行重新解读。

“不信赖人类，这种想法大概是反自然的吧，所以要找到想象的方向是很难的。但其实能够想得到在人类不断向着地球规模扩大的过程中出现的许多解决提案。其一，是许多人即便不十分了解也会想到的，原子弹这样的将会给人类的冒险画上终止符的解决办法。如果事件发生，那么所有的假设就都无效了，仅以此理由也必须要废除。还是把赌注押在人类身上好一些。其二，和前述相同的理由，那些力量强大的神秘途径。比如一看就带有各种默示录的印记的、德日进㊀式的幻象（vision），肯定有时也会

㊀ 德日进，皮埃尔·泰亚尔·德·夏尔丹，Pierre Teilhard de Chardin，テイヤール・ド・シャルダン（1881—1955），法国哲学家，神学家，古生物学家，地质学者，天主教耶稣会神父。德日进在中国工作多年，是中国旧石器时代考古学的开拓者和奠基人之一，作为北京猿人的发现和研究者而广为人知。其著作《人的现象》提到了“最终点（omega）”。（译者注）

想到这种图景吧。人类历经数千年的时光，很有可能就是在等着‘终末点（omega）’的到来，就像西历1000年时那样，在对承受的等待中，也不得不自己组织起来继续生活下去。第三种解决方案是这样的。即使在洞窟里是自由的，从洞窟里出来后，人类有可能遇到驯鹿也有可能遇到狮子，全凭偶然来解决晚饭，比起这样的世界，那种个人无限地社会化，为了所有细胞的福祉而进行功能运作的人工世界，对于个人来说，这才是一直所希望的吧。对于这种解决方案，我所确信的是，应该改变‘种（species）’的名称，应该在‘人属（homo）’这一属㊀上找一个别的拉丁词附加上去。到最后，可以想象得到，抱有自觉的决意继续保持‘智慧（sapiens）㊁’的人类有着可预见的未来。那时的人类，将会对个人的和社会之间的关系完全重新地考虑，对于数量上的密度，或者同动植物界之间的关系等这些设问给予具体的、正面的应对，认清对地球的管

㊀ 生物分类学是研究生物分类的方法和原理的生物学分支。分类就是遵循分类学原理和方法，对生物的各种类群进行命名和等级划分。生物学家采用域（Domain）、界（Kingdom）、门（Phylum）、纲（Class）、目（Order）、科（Family）、属（Genus）、种（Species）加以分类。种是最基本的分类单位，科是最常用的分类单位。人属（学名Homo，拉丁语，表示“人”）是灵长目人科中的一个属。生活在世界上的现代人是其唯一幸存的一个种。（译者注）

㊁ 智人，ホモ・サピエンス，Homo sapiens，拉丁语意为“聪明的人类”，是人属下的唯一现存物种。（译者注）

理不是偶然的游戏，所以不得不停止像细菌那样的文化与行动（注9）。”

第一要明确的是，不能依靠着像原子力或核武器等，这种产生问题（事故、灾害、战争）时会使迄今为止积累下的庞大人类历史一瞬间消失的技术（一旦产生了问题靠人类自身无法控制的技术，一瞬间可以使一切归于无的技术）向未来前进。第二，诸行无常——考虑到地球这一行星不知何时有可能会迎来其终焉“终末点”，在进行技术开发时必须得将能源资源的有限性和持续增加负荷的地球环境等放在心上。第三，需要舍弃个体仍为个体的社会化、认为个体和周围的联系非必要的这种想法。需要重新认识在进化为人类社会的过程中有过的、密集的个体与群体之间形成的社会关系，以及在现代社会中的当地社区（community）再形成等人类共存关系的重要性。

进化的前方

在《姿态与语言》中，勒鲁瓦-古昂对人类进化的历史进行了再定义，追溯着进化的脉络结合时间对各种进化之可能性进行了举例，对和未来时代相关的主题进行了探索，还结合对进化的下一阶段的探索，对今后可能会遇到的危机表示出了忧虑。

“在所有文化当中，未成为习惯的运动，或言语表述出的重要部分，都是在精神环境的急剧变化中，作为追求新状态的结果而产生的。考虑到这种情况，那么就必须要承认打破节奏的均衡其实发挥着重要的作用（注 10）。”

“只要不是认为人类的生涯已经到头了，那么人类一定不可避免地将会在第四种解决方案到来的世纪里经受试炼。‘种（species）’仍和其根底强力地联结在一起，所以人类不可能放弃追求使人们变得更为均衡的解决方案（注 11）。”

又经过了半个多世纪，在 2012 年，这本书再次得以面世。不可思议的是，在此前一年发生了东日本大震灾，海啸冲毁了街市，造成“经验的记忆”的缺失，核电站事故向由于人工智能而导致手的退化的现代敲响了警钟。当这样造成巨大冲击的事件摆在眼前的时候，我们会被今后生存方式转换的必要性以及对未来希望进行转换的必要性所驱使。原本人类就是在进化的过程中，不断重复着“缺乏和调节”，破坏着从远古一直延续而来的生物的节奏，从而创造出从未有过的价值观、文化、技术等新的节奏。比如，二足行走是使大脑变得发达的重要转换点，为了能够转移到二足行走，只能放弃原本在树上的生活（缺乏）。这样来想的话，对于原本受到其恩惠的技术，例如对原子力发电有意识地放手（使缺乏），并对造成的能源不足用其他的技术来克服（调节），也是为了能够生成新的技术或文化（节奏）所不可欠缺的循环。将迄今为止的进化作为历史进行实证性分析，可作为今后面向未来进化的食粮，以克服面前的各种问题阻碍。在《姿态与语言》中，勒鲁瓦-古昂所展示出的数量庞大的、富有说服力的实证，不禁会让人感觉到人类原本就具备克服问题（进化）的能力。

注

（1）安德烈·勒鲁瓦-古昂，《姿态与语言》，荒木亨译，ちくま学艺文库，2012 年，53 页。

（2）安德烈·勒鲁瓦-古昂，《姿态与语言》，485 页。

（3）多木浩二，《可以生活的家》，岩波现代文库，2001 年，200 页。

（4）安德烈·勒鲁瓦-古昂，《姿态与语言》，363 页。

（5）安德烈·勒鲁瓦-古昂，《姿态与语言》，375 页。

（6）多木浩二，《可以生活的家》，210 页。

（7）多木浩二，《可以生活的家》，210 ~ 211 页。

（8）多木浩二，《可以生活的家》，213 ~ 214 页。

（9）安德烈·勒鲁瓦-古昂，《姿态与语言》，630 ~ 631 页。

（10）安德烈·勒鲁瓦-古昂，《姿态与语言》，445页。

（11）安德烈·勒鲁瓦-古昂，《姿态与语言》，631页。

向着建筑的原型

难波和彦

从2010年6月开始的LATs读书会，这次是最终回了。我们在成立LATs读书会之际，关于主旨是这样写的。

“LATs读书会将有必要涉及的命题以‘日常性’‘复杂性’‘具体性’‘历史性’‘无名性’‘无意识’等一系列关键词的形式进行列举，并基于此对近代以后的著作进行精细的阅读，对在现代主义运动的影响下而舍象了的近代，试图探索可以对其进行捕捉的、深入而细致的另一种（alternative）视角。通过提高对近代认识的分辨率，或许可以成为面向未来的发展之起点。同时这也是对建筑理论实践的可能性进行验证的一次尝试。”

那么现在面对“现代”一词时就不会感觉像之前似的那么沉重了吧，有这种感觉的应该不止我一个人。东日本大震灾带来的深刻影响，就像是挨了重重一拳之后产生的效果。或者说又一次地明确了东日本大震灾是一个决定性的契机，它让人们更加清晰地认识到，比起恢复到从前，向前进更重要。在我看来，震灾之后所发生最大的视角转换用一句话来概括就是“指向原点”。家的原型、社区（community）、街区营造、可替代能源、自下而上、匿名性等各种词语在被广泛使用着，而他们全都指向同一个方向，在一点上是共通的，以面向原点和原理为努力方向。LATs 读书会也不例外。只要看到 LATs 读书会的关键词就可以明白，读书会的视角是一贯的，要将关注点投向变换着的时代之下的底流中的那些“不变的东西”。尤其这一回所举出的《姿态与语言》这本书，将人类史全都纳入了视野之中，在这一点上可以说该书是十分适合作为 LATs 读书会最终回的著作的。

多木浩二/池边阳/C·亚历山大

《姿态与语言》原书的法语版出版于 1965 年，日语版出版于 1973 年。我第一次读到是在 20 世纪 80 年代中期的时候。撰写了《可以生活的家——经验与象征》的多木浩二曾不止一次地提到这本书，受到他的触发我也入手了一本。多木还将该书中宏大的人类学视角带入了建筑中，通过将建筑历史放入人类史中并找到其位置，从而对近代建筑进行相对化的认识。《可以生活的家》的主旨甚至可以说就是从人类史这一历史的幅度出发来对近代建筑的无时间性进行批判。多木频繁使用到的，在人类对周围世界进行知觉时的文化人类学的两种模式“巡回空间和放射空间”，也是引用自《姿态与语言》之中。

20 世纪 80 年代也是新学院派（New Academism）的时代，以法国思想为中心的后现代主义和后结构主义思想正流行。在建筑的世界里，作为超越现代主义建筑迈向后现代主义的线索，作为新学院派被介绍给大众的符号论以及文化人类学等理论见解也备受瞩目。新学院派和当时的泡沫经济不能说是没有关系的，就算说它是对于新知所产生的过剩欲望溢出的“知的泡沫”也是可以的。

我对该书产生兴趣也和新学院派有一些关系，但在其之上，受到我的恩师池边阳教授的影响更大些。池边阳教授在东京大学生产技术研究所池边研究室从事研究和设计的同时，还于 20 世纪 60 年代末创建了“环境同工业联结会”（DNIAS = Design Network in Industrial Age for Spaces），这一超越了某个专门领域的设计者和研究者的联系网，并于 20 世纪 70 年代初开展了众多的演讲会和展览会等多种活动。此会旨在对工业化社会中的环境营造的方式和方法，从交叉领域和多方面视角进行探讨。我自 1969 年起的五年间一直所属于池边研究室，有幸能够在池边阳教授的身边工作并对他广大的视野有所了解，期间也曾任职于 DNIAS 事务局。通过对每月一次的研究会进行企划，并将结果整理归纳在报告之中，我的视野也急速地扩展开来。DNIAS 的活动被整理收录在《Monthly Report 合本》（私家版，1973 年）和《人 · 建筑 · 环境六书》（池边阳等编著，彰国社，1975 年）之中。池边的遗作《设计的钥匙》（丸善，1979 年）是将他多方面的活动进行了压缩而集成的著作，哪怕是现在读起来也能感受到遍布于书中各处的鲜活的观点。

还有一点，不能忘记克里斯托弗 · 亚历山大所带来的影响。《形式综合论》（稻叶武司译，鹿岛出版会，1978 年）虽然是短篇的论文，内容十分精彩自然不必说，就连卷末的参考文献的数量也极其庞大，当初看到时感到惊愕的记忆仍然深刻。自那之后一直到今天，我把逐个阅读这些文献作为给自己下达的任务。作为《形式综合论》的理论的延续，进一步集成出版的《模式语言——环境设计的指南》（平田翰那译，鹿岛出版会，1984 年），是汇集了关于建筑与城市的庞大知识与信息的如百科全书一般的著作。从中可以读出其知识背景，他所具有的横跨了自然科学视角、社会学视角、人类学视角的博大见闻。亚历山大的建筑思想的背后，明显可以看出潜藏有与勒鲁瓦-古昂同样的文化视角和人类学视角。

我把从多木、池边、亚历山大等处学到的东西，集成汇总到了《构成表现世界之底流的用语》（《建筑知识》1983 年 9 ~ 10 月号别册）的用语集之中。在撰写期间还请教了表现领域相关的多个学科的专家，是一部尽可能从更广阔的视角对建筑进行认识的用语集。

如前所述，通过尽可能扩大空间的和历史的视野，并把建筑置于其中，从而将近代建筑进行相对化，这是后现代主义的底流中所具备的视角，《姿态与语言》也成为它发展途中的脚踏板。

原始小屋

建筑是伴随着人类的产生而同时产生的，这是在我们初学建筑时经常会听到的说法。为了抵御自然环境或外敌，一些遮蔽物是很有必要的，无论什么样的都好，这很容易想象，所以大家没有什么疑问就接受了这一说法。但是和人类同时产生的建筑具体是什么样子的呢？对这一点的追问基本上是欠缺的。

在近代建筑发端之时的 18 世纪欧洲启蒙主义时代，展开了关于“原始小屋”的讨论，各式各样的原型被提出来。其中具有代表性的案例有，被广为人知的马克-安托瓦内·洛吉耶在《建筑试论》（1755 年，三宅理一译，中央公论美术出版，1986 年）中所提出的“田野的小屋”，站在现代再来看，很明显这一原型中浓郁地体现着当时的思想和文化，即以希腊作为理想。虽然时代有所不同，但在日本也有十分有名的“登吕的遗迹”，从其复原模型中可以看出伊势神宫的神话般的影响。到了 19 世纪，学者们从考古学的视角提出了更具有真实性的“原始小屋”。1851 年在伦敦举办的万国博览会中展示了加勒比诸岛未开化民族的小屋，当时正在英国流亡的德国建筑家戈特弗里德·森佩尔，受到其触发而著写了《建筑四要素[一]》这一原型建筑论。森佩尔所说的四要素是基础、结构和屋顶、轻质的被覆以及火炉[二]。这不同于劳吉埃的那种源自欧洲文化源头的希腊文化的想法，而是通过文化人类学的视角解读出的住宅的原型。对“原始小屋”从历史的、文化人类学的角度进行探索的是约瑟夫·里克沃特[三]的《亚当之家——建筑的原型和其展开》（黑石いずみ译，鹿岛出版会，1995 年）。里克沃特在结论中将建筑的原型归结为“被发现的洞窟”和“被制作的帐篷”这两种类型。到了这一步，可以认为是已经摒除了时代在文化层面的影响而显示出了纯粹的科学的结论。

㊀ 《建筑四要素》/*Die vier Elemente der Baukunst*，德国建筑学家戈特弗里德·森佩尔（Gottfried Semper，ゴットフリート·ゼンパー，1803—1879）的著作，出版于 1851 年。（译者注）

㊁ 在中译本中，四要素被译作是高台、屋顶、墙体、火炉，意思是一样的，本译文中按照日语直译。（译者注）

㊂ 约瑟夫·里克沃特，ジョーゼフ·リクワート，Joseph Rykwert（1926—），大部分时间在英国和美国从事建筑教育。《亚当之家——建筑的原型和其展开》/*On Adam's House in Paradise*：*The Idea of the Primzhao buitive Hut in Architectural History*，1972 年。（译者注）

技术和语言

与这些朝着“建筑的原型”的溯行不同，在《姿态与语言》中，勒鲁瓦-古昂向着比人类史更加古老的时代追溯回去，一边探索着从猿人到人类的进化过程中身体和大脑形质上的变化，一边在由于进化而产生的脑 = 身体和环境之间相互作用的构造中，寻找“建筑的原型”。

在《姿态与语言》（日文版）的概要中，文化人类学者寺田和夫在卷头的“前言”中清晰明了地进行了总结。

“《姿态与语言》这一书名，对照本书的内容来看，是极其谦虚的。因为从目录就可以看出，作者在该书中尝试提出了具备实证性的、合乎逻辑的、从太古时代直至今日的人类生物学角度的、文化层面上的进化理论。甚至称本书为有着强烈个性的人类学概论也是合适的。

勒鲁瓦-古昂在使用‘姿态’这一词语时，将它作为了技术或行动等，具有极为宽泛含义的词。我们来解读一下就可以明白。实际上，他这样做，是通过对人类区别于动物的两点即文化与语言进行研究，从而试图对人类的本质进行阐明。本书的第一部以‘技术和语言的世界’为题，看这题目也可以想象得到他的意图。

在技术论领域，作者可以说是人类学者中的第一人。本书也充分显示出了其博学强识，对于他来说技术是‘在一连串的动作中，通过赋予安定性与柔软性的语法而连锁式组织起来的姿态和道具’。这里所说的语法，是‘由记忆进行提示，在大脑和物质环境之间诞生的’。对以适应环境为目的的传统所支撑起来的（大概可以简单地这样说吧）技术和语言活动之间的平行关系进行宏观的展望，是该书的一大特色。他试图从古代人制作道具的那一瞬间来考察语言活动的可能性，但两者并非那么容易就可以联系得上。于是，他一边对脊椎动物的进化追加补足；一边将人类的特殊性，如直立行走、手的解放、咀嚼器官的缩小、大脑的发达等，从生物学的背景中使之突显出来；同时，对道具所展示出的，不是技术层面上的而是知的水平、大脑、语言三者之间的关系，进行详细的说明。这些编织出了一幅巨大的网，强行要求读者进行思考，像现在流行的那种简单图式型的思考是不被允许的。的确，人类的现象并没有那么简单。”（ちくま学艺文库，2012 年，9 ~ 10 页）

所谓“姿态”，是“道具 = 技术”的隐喻（metaphor），所谓“语言”，则意味着表象功能。表象功能，是将符号（symbol）进行“外化的作用”，也就是将其转移到自然界、物质、社会等领域中的一种客观化的能力。勒鲁瓦-古昂主张，变为直立行走的结果是带来了脑的扩大和“手”的解放，使得“姿态” = 道具 = 技术，和语言 = 表象功能这两者同时并行地产生了。“姿态”即道具＝技术，和语言即表象功能，是连接于大脑同一部位的神经的，所以存在着能力彼此促进提高的协调关系。表象功能的代表是语言，这一点不言而喻，对印象的描画或空间化也是表象功能的重要要素。借助于表象功能要素之一的空间化能力，人们得以建造住居，作为其群体化的表象就是建设出了聚落。语言能力和空间化能力是密切关联的，随着大脑的进化两者分化至了左脑和右脑。

技术和语言，这些人类的能力，借助“记忆”而得以积蓄，并且由于记忆具有层的特征而进入到无意识或潜意识的层面从而得以常规化。更进一步地通过集合化效应，成为民族或社会之表象所共有化的、惯习化的。基于这样的逻辑展开，勒鲁瓦-古昂首先对身体层面（对人类来说具有最原初意义的）的价值和节奏的根源进行了探索，并将其统合至“生理的美学”。接下来，将被外化了的表象，由生理的美学拔高到功能的美学，并基于此，把时间和空间进行了人类化、社会化，从而诞生出了住居。

住居具有三种功能：①从技术上讲，有效环境的创造；②具备社会体系的、框架体系的确立；③给周围的世界以秩序的赋予。勒鲁瓦-古昂这样说道，“对居住空间进行创造，并不只是单纯地在于技术上的便利，而是和语言活动同样的，是对整体的人类行动从表象上所进行的表现。”（502 页）。而且，对时间和空间的人类化、社会化理解，产生出了“巡回空间与放射空间”这一典型的对空间进行把握的模式。巡回空间是动态的，是一边对空间进行意识、一边进行踏破的游牧民式空间。放射空间是静态的，是一边慢慢减淡至未知的极限，一边在自身不动的情况下用逐渐扩展的轮廓不断地对周边进行描绘的农耕民式空间。并从中诞生了作为社会的表象的微观宇宙㊀和宏观宇宙㊁、聚落和城市。并且，装饰、美学、惯习等也是社会表象的一部分。

勒鲁瓦-古昂的洞察力之尖锐，在这样考古学的、对原始的验证中，在对现代文化批评的推导中可见一斑。例如，关于从无声电影到有声电影或电视的发展，勒鲁瓦-古昂写下了以下这段话。在这里，他对瓦尔特·本雅明在《复制技术时代的艺术作品》中所主张的媒介论，即大众对电影这种媒介是通过“散漫的意识”来感受的这一主张的根据进行了详细的验证。

“无声电影并没有对传统条件进行多大的改变。无声胶片，给眼中所映之影像和个人之间留有了自由的余地，并由具有音响声效的（音乐伴奏）、漠然的表意文字所支

㊀ 微观宇宙，Mikrokosmos（德），ミクロコスモス。（译者注）

㊁ 宏观宇宙，Makrokosmos（德），マクロコスモス。（译者注）

撑起来。到了有声电影和电视的次元时，条件已经明显地发生了改变。那就是看动作的功用和听声音的功用被同时调动起来，也就是说，引发了全知觉领域的被动式的参与。个人层面解释的余地被极端地狭窄化。表象和其内容之间完美地相互接近，于现实性（realism）上混同在一起。另一方面，观者在被这样制造出来的现实状况中，被归入到完全不可以能动地介入的位置上……实际上，视听觉的技术，从这两方面，是作为人类进化的新状态而出现的，是对人类最为本质的部分，即省察思考，作为对它产生直接影响的状态而出现的。”（340～341页）

认为对电影进行能动的介入是不可能的这一主张，作为一般化的可能性也许是可以说得通的。然而，作为我个人来说是有异议的。介入的困难程度越高，那么也就有可能引发更高水平的能动性，影像的进化不就是从这样突然变异的行为中诞生的吗？

勒鲁瓦-古昂指出，人类的进化全部都是从姿态和语言，也就是技术和语言的最原始的平衡中产生的，在那之后逐渐地进化为姿态＝技术从属于语言＝表象功能，通过电影或电视这样的媒介的发展普及，现代的语言活动，对于作为被外化了的表象功能的视听觉技术而言，已经产生了很大的改变。关于人类的未来，以下他的这段结论是略微悲观的。

“在此之上不得不考虑已经完全变化了的智人（Homo sapiens）的情况。我们似乎正处于人类和自然界最后的自由关系中。道具、姿态、肌肉、自我行为的编程等，从记忆中被解放出来，并借由远程手段的完备而从想象力中解放出来，从动物界、植物界、风、寒冷、细菌、山、海的未知中解放出来，动物学中的智人，大致接近于这一生涯的终末期。”（628～629页）

对于这一结论，是可以用大脑理解的。然而对于完全沉浸在此种状况中的我们来说，能做的却很少，只能接受这样的状况，以及想着如何将它应用于下一个阶段。在建筑这一媒介上，也会被问到同样的问题。呼应着勒鲁瓦-古昂的稍显悲观的历史观，多木浩二的《可以生活的家》似乎也有着遥远的回应。

LATs 读书会总览

以上所介绍的《姿态与语言》，是在LATs读书会所列出的著作清单中，给予了读者以最长射程之历史视角的著作。那么让我们一边将LATs读书会关键词中所展现出的对原点的思考放在心上，再来对之前顺序出场的各著作所展开的解读进行一次总览。

（1）《日常生活实践》（回溯技术的起源），将日常生活中发生的各种各样的活动作为一种创造行为来认识这一视角展开。并且，相对于一直被认为是非日常性的典型活动的艺术，与之相对的，提出了日常行为也是一种创造行为的视角，通过这样的对置，将生产和消费、制作和使用、创作和感受、艺术和设计等传统的区别方式进行了消灭，尝试将两者作为一体化的活动来认识。

（2）《S，M，L，XL +》（Program——调查——理论化——设计的连锁），对当代建筑设计之背景的全球化现代城市的状况进行了多面化的、精细化的分析。这种全球化现代城市的状况和程度，是建筑设计基本上无法对其进行批评或者改变的，它不仅是世界范围的，也是普遍渗透的，这可以说是时代的认识。现代的时代状况或城市文脉（context），是使建筑设计浮现而出的作为背景的“地”。而且既是无名的（generic）空间也是垃圾的（junk）空间。

（3）《论崇高与美的概念起源的哲学探究》（美学的深度），从只单纯地对美进行追求是无法诞生出真实的建筑或城市的这一实事出发，以崇高概念作为线索，从分析产生崇高感情的心理构造开始，逐渐展开为“对否定式的感情进行克服的快感”这一康德式的主观美学进行展开。并且更进一步地，认为可以在建筑中提倡由“有可能克服的不快感”而产生的积极的快感，即超越了单纯美学的悖论式的美学。这是一种关乎设计之意义的，从设计者意图到使用者影响的视角转换。

（4）《可以生活的家》（功能主义 2.0）从以下这点进行展开，不是关注建筑被设计或被建造的时间，而是关注建筑被使用、被居住、被解读的时间，并将其状态作为“功能 2.0”来认识。所谓“功能 2.0”，就是已经超越了建筑家当初之意图的过量部分，以及对以往被限定在用途及实用性上的“功能”之概念进行了扩大的，对新功能主义的可能性（或不可能性）及必要性所进行的阐释。在这里也讲了对于以往规划或设计的概念所持有的疑念。

（5）《令人惊异的工匠》（自然与作为的设计论），指出了 20 世纪 60 年代后半叶对后现代主义运动起到支撑作用的、具有匿名性的“没有建筑家的建筑”的关注中所具有的“起源指向”，并将这一视角中潜藏着的矛盾作为“自然与作为”之对立面认识。“没有建筑家的建筑”，比起说它是自然生成的建筑，以下的这种理解是不是更恰当一些呢？由虽然未被铭刻下姓名，但十分优秀的创造者（creator）所设计出的、被人们所共有的、历经较长时间洗练而成的建筑。

（6）《生态学的视觉论》（以生态学式建筑论为目标）主张，虽然建筑家关注的是建筑对人和社会产生的影响，但其实人之中潜藏着对建筑进行理解和感受的无意识的图式，并通过建筑和图式的相互作用而形成定常的回路。这种定常回路被詹姆斯·吉布森称之为生态学的“不变项”，也就是 affordance。在这之上更进一步，把这种无意识的回路扩大至空间知觉的整体，并作为建筑和人类的相互作用来理解，即为生态学的建筑论。

（7）《美国大城市的死与生》（自生式设计的可能性），基于简·雅各布斯所主张的“城市的原理”，即“城市中的那些极为复杂地相互缠绕在一起的粒度相近的多样化的用途是必不可少的，而且这些用途无论是在经济层面还是在社会层面的彼此间不断的相互支撑也是必要的”，提出主张，认为今后的城市不应由现代主义所主张的由政府组织所主导的自上而下式的规划，而应由民间主导的局部式的规划之积聚而形成的自下而上式的规划，即通过“自生式的设计”而造就。在东日本大震灾之后的复兴之中，这一主张尤其重要。

（8）《球与迷宫》（被压抑的现代主义的回归），将焦点聚焦于历史事实之上，即现代主义建筑与城市规划的尝试是围绕着“球”即“规划 = 秩序”和“迷宫”即“混沌 = 无秩序”之间的交织对立而展开的这一历史事实，并明确了现代主义的可能性和界限。在 20 世纪 90 年代之后新自由主义占据了支配地位，文中提示出东日本大震灾作为“被压抑的现代主义的回归”也许会再一次唤起自上而下的规划思想的可能性。

(9)《从混沌到秩序》(决定论式的 chaos 教给我们的)，对于在历史中所默认的时间的不可逆性在物理学中被一步步最终得以证明的历史经纬进行了追溯。在这之中可以了解到，从古典科学到统计力学，再到复杂性科学的进展。其中浮现出的是决定论式混沌，这一系列的事物一方面有着决定论式的构造，一方面又在自我反复地适用下将初期条件的细微差异进行扩大，展示出无法预测的混沌状态。而且，决定论式混沌让我们预感到，由各个部分规划进行集合而产生的自生式规划概念所具有的可能性。

(10)《建筑中的日本性》(“日本性”的解构)之中主张，在全球化的大潮中，虽然“日本性”作为“表现 = 东西（モノ）”有着将要消逝和退出舞台的命运，但是它作为“态度 = 事物（コト）”仍将根深蒂固地存活下去。“日本性”就像大部头（正统）的“建筑”或“艺术”一样，其中存在有一种“你越是对它进行抵抗，它越是会将抵抗的能量吸收进去而延续其生命力”的系统（system）。要想跨越这种矛盾，唯有对作为“态度 = 事物（コト）”的“日本性”进行不断追问和解构才行。

(11)《单向街》(历史的效用)，将本雅明在《复制技术时代的艺术作品》中所论述的照片或摄影等新的艺术媒介带给大众的感性变容论，转换为建筑的感受论，提出

“建筑上的无意识”，并介绍了进行理论化的过程。同时，我将本雅明的“单向街论”发展成为“金属建筑论”，并提示出生活于同一时代的本雅明和柯布西耶的对照式视角，即在作为历史家的虫瞰式视角和在作为建筑家、城市规划师的鸟瞰式视角之间的往还，对今后的街区营造而言是重要的条件之一，需要唤起注意。

（12）《姿态与语言》中囊括了所有的这些命题。勒鲁瓦-古昂虽然没有直接清晰地这么说出来，但人类本来就是富含有矛盾的 Homo Demens（错乱的存在）。其进化是自发式的，但近代以后，在意志 = 规划的作用下受到了很大的波动影响。对近代之后各种问题的产生过程进行重新的观察，对逃逸于规划之外的“他者”的存在进行重新的审视，可以说即为 LATs 读书会的意图之所在。

附录　难波研究室必读书30册

难波和彦

在我就任于东京大学之时，为了明确地展示出研究室的方向性而列出了“难波研究室必读书20册”。对本科生来说可能有点勉强，研究生的话还是希望大家至少能够把这些书读下来。为什么是20册呢？其实并没有什么特别的理由。很难缩减到10本，但30本的话又会不会太多了，无非是基于这样的考虑。这些书大部分是在我三十到四十多岁时读的，对于我来说每一本都记忆深刻，隔一段时间会返回来再读，少的也读过三次以上，而且每一次都有非常多新的发现。这其中一些书现在在市面上比较难买得到，可以在图书馆里找，想请大家务必读一读。

这一次，从缩减到20册时被遴选掉的那些书当中，又选了10本追加到了书单当中，其中也有在选择20册的时间点之后才出版的书。基本上都是应当被传诵继承的经典必读书[㊀]。

㊀ 这里列出的30册书中有日文书也有英文书，在本书中统一采用“著者名《中文书名》/《日文书名》日文译者，日文版出版社，日本版出版年份”的格式，有英文版或中文译版的将在注释中标明。（译者注）

(1) 池边阳《设计的钥匙》/《デザインの鍵》丸善，1979 年

这是我的恩师池边阳教授的遗作，对我来说是如同圣经一样的一本书。虽然是以温柔的词语写就，但到处可见简洁敏锐的论述直指设计原理的核心，该书也成为了我设计思想的原点。全书划分为 96 个不同主题的短文，无论从哪一部分开始都可以读，心情低落的时候读可以振奋和产生力量。“11 无名的空间”“29 对极与融合”“44 复杂的功能链接单纯的形态”“93 作为发现的设计”是我尤其喜欢的部分。池边老师的建筑思想和第 27 册必读书以及第 28 册必读书有着比较深的联系。

(2) 希格弗莱德・吉迪恩《空间・时间・建筑》/《空間・時間・建築》太田实译，丸善，1969 年

虽然该书是近代建筑史的教科书，但意外的是大家并没有好好地去读。我是在研究生时第一次读，当时正是 20 世纪 70 年代后现代主义的最鼎盛时期，所以当时并没有感觉受到触动。而到了 80 年代，当我自己开始尝试对现代主义运动进行再评价时，又一次读该书，对初期近代建筑中技术和设计的关系就又有了新的认识。这种教科书式的书，理所当然地会被要求作为专业基础素养内容来读，但仔细研读后就会有意外的发现。在我看

来，昂立·拉布鲁斯特㊀也是如此。同样的情况也适用于尼古拉斯·佩夫斯纳的《现代设计的展开》㊁（白石博三译，みすず书房，1957年）和莱昂纳多·本奈沃洛的《近代建筑的历史》㊂（武藤章译，鹿岛出版会，合本版，2004年）。

（3）雷纳·班纳姆《第一机械时代的理论与设计》/《第一機械時代の理論とデザイン》石原达二、增成隆士译，原广司校阅，鹿岛出版会，1976年

该书可以说是决定了我建筑观的一本名著。班纳姆明确地表示出了自己的立场，对吉迪恩或佩夫斯纳等第一代近代建筑历史家的历史观进行了批评，所以两本书比较着来读会更加有意思。书中作者依据细碎翔实的资料，对近代建筑设计理论进行了多面化的探讨。乍一读很难对整体的脉络进行把握，但是只要关注于“构筑和组成”这一关键词再来读的话，视野就会一下子打开了。这本书由原广司校阅，我仍然记得在读到原广司的解说

㊀ 昂立·拉布鲁斯特，Henri Labrouste，アンリ·ラブルースト（1801—1875），法国建筑家。（译者注）

㊁ 《现代设计的展开》/*Pioneers of Modern Design*/《モダン·デザインの展開》。（译者注）

㊂ 莱昂纳多·本奈沃洛，Leonardo Benevolo，レオナルド·ベネヴォロ，《近代建筑的历史》/*Historia de La Arquitectura Moderna*/*History of Modern Architecture*/《近代建築の歴史》。（译者注）

时，因为和自己的解读过于不同而感到了愕然。哪怕是同一本书，由于视角的不同，而会产生完全不同的解读方式，没有哪本书能比这本书更能让我有如此的感触了。因为该书写作于美苏冷战时期，所以缺少关于俄罗斯先锋派的记述也是必然的，而该书对未来派和巴克敏斯特·富勒的功绩进行了再评价的这项功绩，无论多高的评价也是不过分的。

(4) 雷纳·班纳姆《良好环境的建筑》/《環境としての建築㊀》堀江悟郎译，鹿岛出版会，1981 年（SD 选书，2013 年）

该书是对现代建筑中建筑环境技术发展进行论述的，具有先锋性的一本书。该书虽然出版于 1969 年，但在建筑环境技术史领域可以与之相匹敌的书，哪怕是在可持续设计被广为提倡的今天，也仍然没有出现。该书详细地探讨了近代建筑是如何借助建筑环境技术的进步从而提升了建筑的可能性的。和以机械技术专利的历史为内容的吉迪恩《机械化的文化史》来比较的话，就可以明白班纳姆的视点是多么准确了。不仅该书，像《建筑与波普文化》（岸和郎译，鹿岛出版会，1983 年）等班纳姆所著的书，都要

㊀ *The Architecture of the Well-Tempered Environment*，Reyner Banham，1969 年。（译者注）

找来读一读。

（5）尤利乌斯·波泽纳[一]《近代建筑的邀请》/《近代建築への招待》多木浩二监修，田村都志夫译，青土社，1992年

该书是一本相对比较新的书，是聚焦于近代建筑史隐藏之侧面的一本好书。如果能够在学生时代遇到这本书，我应该能更早地对近代建筑史开窍吧。作者曾是法国建筑新闻界里的中心人物，也和勒·柯布西耶是好友，其生动的证言洋洋洒洒地充盈在书中各处。将钢结构的历史通过“非物质化”的概念映射而出的视角，令人有茅塞顿开的感觉。对于技术和艺术的关系，也以有趣的历史观而展开。总之，这是一本将学习近代建筑史变得有趣的书。

（6）矶崎新《建筑的解体》/《建築の解体》美术出版社，1975年（复刻、鹿岛出版会、1997年）

矶崎新有着为数众多的著述，在我看来这一本书是最高峰。哪怕从全世界范围来看，能够像矶崎新这样以宽阔的视野、对时代的建筑潮流之变换进行清晰的认识的建筑家基本上也是没有的。面向当时20世纪60年代后期的建

[一] Julius Posener，《近代建筑的邀请》/《近代建築への招待》/*Vorlesungen zur Geschichte der neuen Architektur*。（译者注）

筑状况，将焦点聚焦在那些开拓了新领域的建筑家们身上，以同时代的视角进行详细的记述，并由此确定了从现代主义向后现代主义之移行的结论。关于后现代主义的问题机制，甚至说在该书中已经被尽数讨论完成了也并不为过。

（7）罗伯特·W·马克《巴克敏斯特·富勒的 Dymaxion 世界》/《バックミンスター・フラーのダイマキシオンの世界㊀》木岛安史、梅泽忠雄译，鹿岛出版会，1978年（新版、2008年）

该书是把富勒的工作分为理论和作品来详细介绍的一本书。关于富勒的书有很多，但最终决定列入书单的是该书。我通过了解富勒，开始了自己对科学与设计之关系的思考。富勒所倡导的设计科学（design science）是可持续设计（sustainable design）的基本原理。以该书为开端，一系列关于富勒的书有《地球号宇宙飞船驾驶手册》（芹泽高志译，ちくま学艺文库，2000年）、《Critical Path——地球号宇宙飞船的设计科学革命》（梶川泰司译，白扬社，2007年）、Jay Baldwin 著《巴克敏

㊀ Marks. Robert W. *The Dymaxion World of Buckminster Fuller*, Reinhold Corporation, 1960 年。（译者注）

斯特·富勒的世界——21世纪ecology design的先驱》（梶川泰司译，美术出版社，2001年），和Martin Pawley所著传记《巴克敏斯特·富勒》（渡边武信、相田武文译，鹿岛出版会，1994年）。这些书一起结合来阅读，会进一步扩展兴趣的广度。

（8）克里斯托弗·亚历山大《模式语言——环境设计的指南》/《パタン·ランゲージ——環境設計の手引》平田翰那译，鹿岛出版会，1984年

该书是对克里斯托弗·亚历山大的建筑观集大成的一本书。亚历山大有许多著述，初期的《形式综合论》（稻叶武司译，《形式综合论/城市不是树型》SD选书，2013年）和这本书是最终决定推荐的。模式语言是亚历山大为了超越近代建筑的功能主义而思考出的设计方法。我在20世纪80年代时沉迷于对亚历山大的研究当中，通过他的《形式综合论》学习到了将现代主义的功能主义推至极限的方法。之后由于我对于技术的想法和他的pre-modern想法无法一致，所以最终分道扬镳，但在建筑计画学方面可以超越该书的计画理论至今仍未出现。附带说一下，亚历山大被托马斯·库恩的《科学革命的结构》所触发，曾试图掀起建筑领域中的范式变革。

（9）肯尼斯·弗兰姆普顿《建构文化研究——论 19 世纪和 20 世纪建筑中的建造诗学》/《テクトニック・カルチャー》[一] 松畑强，山本想太郎译，TOTO 出版社、2002 年

该书是一本建筑史方面的书，关注于近代建筑中的构法与设计、技术与艺术的关系，这一点使它和通常的近代建筑史著作之间画出了一道难以逾越的线。特别是对 18 世纪以来建筑构法（tectonic[二]）之发展进行的论述非常有趣。不过，弗兰姆普顿是从艺术的立场来看技术，和班纳姆的视角形成了很好的对比。书中所举出的建筑家基本上都是使用钢筋混凝土结构的建筑家，使用钢结构的建筑家只举出了密斯·凡·德·罗一人。从弗兰姆普顿这样的视角出发，很遗憾，并不能捕捉到波泽纳所谈到的“非物质化”，也无法生成关于可持续设计的思考。

（10）柯林·罗《手法主义与近代建筑》/《マニエリスムと近代建築》伊东丰雄、松永安光译，彰国社，1979 年[三]

《理想别墅的数学》和《透明性——实与虚》等论文

㊀ 英文原版：Kenneth Frampton, *Studies in Tectonic Culture: The Poetics of Construction in Nineteenth and Twentieth Century Architecture*, The MIT Press, 2001。日文版：ケネス・フランプトン，《テクトニック・カルチャー》，松畑强、山本想太郎译，TOTO 出版社，2002 年。中文版：肯尼斯·弗兰姆普顿，《建构文化研究——论 19 世纪和 20 世纪建筑中的建造诗学》，王骏阳译，中国建筑工业出版社，2007 年。（译者注）

㊁ 建构，tectonic，建築構法，テクトニック。（译者注）

㊂ 英文版：Colin Rowe, *Mannerism and Modern Architecture*, The Architectural Review, 1950 年。日文版：コーリン・ロウ，《マニエリスムと近代建築》，伊东丰雄，松永安光译，彰国社，1979 年。（译者注）

实在是太有名，而《手法主义与近代建筑》和《固有性与构成》也不应当被遗漏。总之，这些毫无疑问都是珠玉一般的论文。柯林·罗是名不见经传的瓦博格研究所（The Warburg Institute）[㊀]鲁道夫·威特科尔（Rudolf Wittkower）的弟子，但其论文无论哪一篇都以长射程的视角对近代建筑进行了捕捉。以我的视角来对柯林·罗的论著进行评价的话，其突出价值在于，通过阐明近代建筑中形与空间在历史层面的自立性，击溃了作为一种意识形态的功能主义和技术主义的立足点。从这个意义上，他的论述对我来说是，可以对班纳姆的主张从侧面进行补足和加强的建筑思想。补充一点，柯林·罗的建筑观和之后会出现的《木马沉思录》的作者恩斯特·贡布里希之间也有着共通性。

（11）柄谷行人《作为隐喻的建筑》/《隠喩としての建築》讲谈社，1983 年（《定本柄谷行人集 2 作为隐喻的建筑》岩波书店，2004 年）

我对柄谷从 20 世纪 70 年代起所写的东西几乎都看过了。在这些优秀著作中，这本书特别令我印象深刻。每到单行本和文库本发行的时候都会买来，反复阅读好几次。对我来说，柄谷对亚历山大的“城市不是树形”进行了和

㊀ 瓦博格研究所，The Warburg Institute，是以人文科学为主的伦敦大学的附属研究所。（译者注）

亚历山大本身意图完全相反的解读，这一点是有冲击性的。对最近出版的《定本柄谷行人集》（岩波书店）进行通读后，又再一次确认了思想的构筑性和建筑的构筑性之间是共通的。在读过该书之后，推荐大家再结合《Transcritique——康德与马克思》（岩波现代文库，2010 年）一起来读。这本书将《作为隐喻的建筑》中的思考进一步进行了扩大和展开。此外，《日本近代文学的起源》（岩波现代文库，2008 年）也是了解近代建筑史思想背景的重要文献，和后面列出的《作为思想的日本近代建筑》也有着很深的关联。

（12）瓦尔特·本雅明《复制技术时代的艺术作品》/《複製技術時代の芸術》佐佐木基一译，晶文社，1970 年

本雅明写的东西基本都是片断式的，和柄谷的形成对照，但唯有这本书是不同的。该书以艺术的光辉（aura）论而闻名，但于我而言，书中阐述的关于电影、照片和建筑之间的共通性，即对“无意识的享受”或者说“触觉之感受”的论述更加令我瞠目。该书对我形成“建筑式无意识”的想法给予了决定性的启示。关于技术向社会渗透并使人们的感性产生变化的机制所进行的诸多论述中，还没见到哪一本能够像该书以如此清晰明了的视角进行捕捉的。《单向街》中展开论述的钢结构建筑史可以算得上是这一论述的实证例子。

（13）雷姆·库哈斯《错乱的纽约》/《錯乱のニューヨーク》铃木圭介译，ちくま学艺文库，1999年

这是一本将目光投向纽约曼哈顿，介绍现代主义在美国之展开的书。有人曾说过，“现代主义，在苏联失去了表现，在美国失去了思想”。在该书中，年轻的库哈斯对起源于欧洲的现代主义的观念层面的乌托邦式意识形态，通过写实主义地记述，进行了批判。他自称为“纽约的代笔人”（ghostwriter），这让我知道了历史并不只是对事实的记述，而是可以基于特定的价值观的，亦可以成为进行虚构（fiction）的一本奇书。

（14）松浦寿辉《埃菲尔铁塔试论》/《エッフェル塔試論（日）》ちくま学艺文库，1997年

在读这本书的时候从心底里溢满了不甘的想法，为什么建筑史学家写不出这样的书呢？由表象文化论的研究者，对埃菲尔铁塔做到了如此彻底的详尽的调查研究，对此感到了嫉妒。书中对于作为符号的埃菲尔铁塔，从钢结构的物质组成开始展开调研，对一步步最终升华为巴黎的文化象征的过程进行了具体的记述，其间没有可以提出非议之处。在此之后，该书对于我来说就成为建筑史书的模范原型。然而在最近又一次重读的时候，却感觉作者的视角略有些过于偏重于印象。

(15) 道格拉斯·R·郝夫斯台特《哥德尔、埃舍尔、巴赫——集异壁之大成》/《ゲーデル·エッシャー·バッハ》[一]野崎昭弘、はやしはじめ、柳瀬尚纪译，白扬社，1985 年

20 世纪 80 年代风靡一时的新学院主义[二]的导火索，可以说就是该书。不仅在美国成为畅销书，它更是横跨了数学、绘画、音乐领域，超过五百页的大著，但不确定能够通篇读下来的人会有几个。阅读该书对我个人来说像是做高强度的头脑体操，也是对逻辑化、结构化思考的界限进行突破的作业。该书和柄谷的书，从不同的意义上，让我们得以窥见当代思考的极限之所在。

(16) 格雷戈里·贝特森《心灵与自然》/《精神と自然》佐藤良明译，新思索社，2001 年

格雷戈里·贝特森的著作均是动态的、系统思考的案例

㈠ Douglas Richard Hofstadter（1945—），中文名侯世达，美国学者，研究认知科学和计算机科学。英文原版：*Gödel, Escher, Bach: an Eternal Golden Braid, abreviado GEB*，1979 年。日文版：《ゲーデル·エッシャー·バッハ》，1985 年。中文版：《哥德尔、埃舍尔、巴赫——集异壁之大成》，商务印书馆，1997 年。(译者注)

㈡ 新学院主义，New Acadenism，ニューアカデミズム（通常简写为“ニューアカ”），是 20 世纪 80 年代初期在日本人文科学、社会科学领域中形成的一股潮流。代表人物有浅田彰、中沢新一、柄谷行人、栗本慎一郎等人。其随着新人类和宅文化的兴起，于 20 世纪 80 年代中期逐渐衰退。(译者注)

研究集。通过他的一系列著作，从中可以知道，精神是一边遵循着形式上的逻辑，一边符合着无时无刻试图从中逃脱的一种自我指涉系统的机制，并且可以学到如何在以往静态的系统中导入时间。该书和他的另外一本主要著作《精神的生态学》/《精神の生態学》（新思索社，改订第二版，2000年），是一举将生态思想的视野扩大开来了的大著。

（17）克洛德·列维-施特劳斯《野性的思考》/《野生の思考》㊀大桥保夫译，みすず书房，1976年

所谓结构主义，就是试图弄明白在精神和外界的相互作用下所形成的生态学层面的定常回路的学问。克洛德·列维-施特劳斯从未开化人群的神话式思考中发现了不亚于近代人的纤细且复杂的回路。从该书中可以明白人类如果不具有某些定常的回路，将无法对世界进行理解，无法在精神和外界之间形成新的回路并将其作为符号来进行表现，即艺术的作用方式。而设计，就是列维-施特劳斯所说的“bricolage㊁”。

㊀ 法文原版：*La Pensee Sauvage* 1962年出版。日文版：《野生の思考》，大桥保夫译，みすず书房，1976年出版。中文版：《野性的思维》李幼蒸译，商务印书馆于1997年出版。（译者注）

㊁ bricolage，根据克洛德·列维-施特劳斯的定义，the artist “shapes the beautiful and useful out of the dump heap of human life.”，根据牛津辞典的定义，“（in art of literature）construction or creation from a diverse range of available things.”。（译者注）

（18）迈克尔·波兰尼《默识维度》/《暗黙知の次元》[一]高桥勇夫译，ちくま学艺文库，2003 年

默识[二]，是一种分析式地将片段式的知识或认识进行归总，并统合成创造性的知识或认识的一种非语言层面的能力。设计，是将部分统合为全体的作业，可以认为是默识作用的一种形式。不仅如此，科学假说的形成或技术的发明，也都是默识作用中的一种。通过该书，可以学到设计与科学所具有的同型性，可以从更为广阔的视野认识精神生物层面的作用。在此基础上，诞生了"建筑的四层构造"[三]。然而可以将四层独立的系统进行统合的方法，至今仍是一个谜题。

（19）恩斯特·贡布里希《木马沉思录》/《棒馬考——イメージの読解（日）》[四]二见史郎、横山胜彦、谷川渥译，劲草书房增补改译版，1994 年

贡布里希是沃伯格研究所的成员。该书所阐明的是，

㊀ 迈克尔·波兰尼，Michael Polanyi，マイケル·ポランニー（1891—1976），匈牙利物理化学家、社会科学家、科学哲学家。英文版：*The Tacit Dimension* Rutledge & K. Paul 于 1966 年出版。日文版：《暗黙知の次元》，高桥勇夫译，ちくま学艺文库于 2003 年出版。（译者注）

㊁ 默识，隐性知识，tacit knowledge，暗黙知。（译者注）

㊂ "建筑的四层构造"是难波老师提出的建筑理论，详见难波和彦的《建筑的四层构造——围绕可持续设计的思考》，INAX 于 2009 年出版。（译者注）

㊃ 恩斯特·贡布里希，Sir Ernst Hans Josef Gombrich，エルネスト·H·ゴンブリッチ（1909—2001），美术史学家。英文原版：*Meditations On A Hobby Horse*，1963 年出版。中文版：《木马沉思录》，徐一维译，北京大学出版社于 1991 年出版。（译者注）

艺术家在对作为符号的艺术作品进行创作时，其必要参照条件是在历史中所形成的、复杂的、惯习的回路，当缺少这些回路时，将无法理解这些艺术作品。对艺术作品进行创作，就是在贴近于既存回路的基础上，略微制造出一些偏差，来形成新的回路。在《木马沉思录》中所展示的关于功能主义的新解释也令人眼前一亮。贡布里希的著作中贯穿着他横贯历史、艺术、科学的视野。

（20）雅克・莫诺《偶然性和必然性》/《偶然と必然》[㊀]渡边格、村上光彦译，みすず书房，1972 年

该书是由分子生物学者对进化机制所进行的介绍，其背景是彻彻底底的科学立场，并且提升到了一种冷静而透彻的价值观，这一点震撼了我。雅克・莫诺认为，所谓进化，是可以被看作为偶然，以一回性的、偶然性的构造为前提条件的，并通过将其变为必然的生化学上的展开所形成的结果。单凭这一主张，就展示出了一种世界观。进化虽然是一回性的、非条理的，但面向未来展开也是具有可能性的。通过该书可以学习到，对科学之态度进行彻底的贯彻，就必然会对历史 = 自然史进行召还。

㊀ 雅克・莫诺，Jacques Lucien Monod，ジャック・モノー（1910—1976），法国生物学家。法语版：《*Le Hasard et la Nécessité*》，1970 年出版。中文版：《偶然性和必然性》，上海外国自然科学哲学著作编译组译，上海人民出版社于 1977 年出版。（译者注）

追加 10 册

（21）罗伯特·文丘里《建筑的复杂性与矛盾性》/《建築の多様性と対立性》伊藤公文译，SD 选书，1982 年

该书是继勒·柯布西耶的《走向新建筑》（吉坂隆正译，SD 选书，1967 年）之后排第二位最多人阅读的建筑书，并且和《向拉斯维加斯学习》（石井和紘、伊藤公文译，SD 选书，1978 年）一起，是对 20 世纪 60 年代末的后现代主义起到了先导作用的宣言。文丘里通过将现代主义的调和美学和文艺复兴时期建筑重叠起来，将后现代主义和文艺复兴之后的手法主义美学重叠起来，为自己的立场找到并赋予了历史上的地位，这一知识层面的操作令人瞠目。从该书中可以学到将历史建筑和现代建筑并列看待，并进行批判式认识的视角，以及如何将批判和作品进行结合的表述（presentation）方法。

（22）丹尼斯·夏普《合理主义的建筑家们——现代主义的理论与设计》/《合理主義の建築家たち——モダニズムの理論とデザイン》㊀ 彦坂裕、菊池诚、丸山洋志译，彰国社，1985 年

这是一本将 20 世纪 30 年代至 70 年代所撰写的关于现代

㊀ Dennis Sharp，デニス・シャープ，*The Rationalists: Theory and design in the modern movement*，Architectural Press 于 1978 年出版。（译者注）

主义之基本教义＝合理主义思想的论文进行集合的选集。收录有佩夫斯纳、柯林·罗、班纳姆、詹克斯等建筑史学家的论文，以及格罗皮乌斯、柯布西耶、布罗耶等现代主义者的论文。从该书中可以明白合理主义中也有着多样的含义，合理主义和功能主义是从根本上存在着不同的两种思想。

（23）铃木博之《建筑的世纪末》/《建築の世紀末》晶文社，1977年

该书在首次出版后马上就引起了赞否两极的议论，而现在的评价则是，它具有对日本的后现代主义起到先导作用之地位。然而在我看来，比起是意识形态的宣言，它更是一本关于19世纪建筑史的教科书。每隔十年左右再返过来读，每一次都会有新的发现。书中所描述的是面对19世纪社会构造的急速变化，建筑家这一职业得以成立的历史。到了现在，则可以把这些内容和技术的发展、经济的增长、大城市的产生和新建筑类型的出现等结合起来，从更广泛的背景中来解读了。

（24）多木浩二《可以生活的家》/《生きられた家——経験と象徴》岩波现代文库，2001年

建筑，在被体验和在其中生活过之后变成为象征，该书对这一过程从现象学层面、符号学层面进行了论述。多木在此之前曾撰写了数量众多的优秀建筑评论，该书被视为代表了他视角转换的作品，一众建筑家一边仍然抱有疑问，却也一边接受了该书。然而在我看来，这并不是转换，而是扩大为更为广阔的视角。建筑的创造，并不是终结于建筑完成的那一个时刻，而是在被体验、被在其中生活过之后，又可以从中发现和最初之意图有所不同的意义，从而得以延续。该书告诉我们，在更新（renovation）和改变用途（conversion）的时代中，时间（历史）的重要性。多木还曾经为本雅明的《复制技术时代的艺术作品》写过详细的注释，这一点也希望大家注意到。

(25) 八束はじめ《作为思想的日本近代建筑》/《思想としての日本近代建築》岩波书店，2005 年

我的关于近代建筑史的基本框架就是从八束的一系列著作中学习到的。八束关于现代主义的历史有许多的著作，而在试图挖掘现代主义多面化的可能性上是一以贯之的。在其众多著作中，该书是对日本的近代建筑进行了最为总览性捕捉的大作。就像“作为思想的”一词所表达的，和通常的近代建筑史有所不同，该书是通过建筑来阅读明治以后的近代思想之变迁这一视角来写的。也就是说，该书可以被称为通过（并非语言的）建筑这一媒介来看的日本近代思想史。

(26) 托马斯·库恩《科学革命的结构》/《科学革命の構造》中山茂译，みすず书房，1971 年

该书在科学史中首次引入了范式（paradigm）的概念，

完全颠覆了以往的科学是连续的、进化而来的既成概念。库恩就像康德或克洛德·列维-施特劳斯那样，主张人类如果不通过特定的框架是无法认识世界的，并在被公认是最为客观的科学之中进行了阐明。20世纪70年代以后，范式的概念同米歇尔·福柯（Michel Foucault）的知识（episteme）一起，成为后现代思想的核心概念。到了现在，人们已经将看事物的框架或者世界观的转换称作范式革命。

（27）Royaumont人类科学研究中心《基础人类学 上·下》/《基礎人間学　上·下》荒川几男等译，平凡社，1979年

该书是对人类的活动从生物学、人类学、文化人类学、脑科学、语言学、认知心理学、系统论出发进行综合捕捉的尝试。该书是关于这一主题所开展的国际会议的记录，收录了其中四十篇以上的论文和讨论。会议总的目的是，对多样化的研究领域中所共通的普遍要因进行探索，试图从中明确多样化的秩序所生成的自组织化系统。编者之一的埃德加·莫兰（Edgar Morin）的五连作《方法》（大津真作译，法政大学出版局，全五卷，1984～2006年）是其集大成的著作。

（28）赫伯特·西蒙《人工科学》/《システムの科学（系统的科学）》[一] 稻叶元吉、吉原英树译，Personal Media，1987年

原书书名为“The Science of The Artificial（人工物的科学）”，从书名就可以看出这是对人工物（并非自然物）进行科学理解的尝试。人工物和自然物之间的不同，在于对象中是否具有价值。为了能够对智能、认知心理、工学、经营、设计、建筑、美术、社会规划等社会层面的、文化层面的现象以一贯的视角进行捕捉，系统论，作为一种关系性的科学诞生了。20世纪60年代的社会工学以及80年代的复杂科学都是从这里孕生而出的。虽然是概论性质的，但该书是将设计作为科学来进行理解的决定性的入门书。

（29）安伯托·艾柯《玫瑰的名字》/《薔薇の名前 上·下》[二] 河岛英昭译，东京创元社，1990年

该书是由博洛尼亚大学哲学教授，同时也是建筑符号

㈠ 赫伯特·西蒙，Herbert A. Simon，ハーバート·サイモン（1916—2001），美国政治学者、认知心理学者、经营学者、信息科学研究者。英文原版：*The Science of the Artificial* 于1981年出版。中文版：《人工科学》，商务印书馆于1987年出版。（译者注）

㈡ 安伯托·艾柯，Umberto Eco，ウンベルト·エーコ（1932—2016），意大利小说家、文艺评论家、哲学家、符号学者。意文原版：*Il nome della rosa*，1980年出版。英文版：*The Name of the Rose* 1983年出版。中文版：《玫瑰的名字》，闵炳君译，中国戏剧出版社于1988年出版。（译者注）

论之创始者的安伯托·艾柯所写的历史小说。我先看到的是以中世纪修道院为舞台在此推理小说之基础上改编的科幻电影，看到电影时就已经感到惊愕，之后读到原作时也被作者博览强记的视野所震撼。在最后，燃烧起来的修道院宛如巨大的迷宫图书馆，不禁让人想到皮拉内西（Piranesi）的地下牢房和博尔赫斯（Jorge Luis Borges）的《巴别塔的图书馆》。和历史、哲学、小说、自然科学、语言学、符号论相关的如同百科全书般的知识散布于书中各处，并统合形成为一个故事，一个前所未闻的物语。

（30）艾瑞克·霍布斯邦《极端的年代》/《20 世紀の歴史——極端な時代　上·下》[㊀]河合秀和译，三省堂，1996 年

该书是对 20 世纪的历史以尽可能宽广的视野进行综合式的捕捉的历史书。霍布斯邦以同样的视角也撰写了关于 18 世纪和 19 世纪历史的著作。历史上的事件和人物自不必说，还范围广泛地涉及有政治和社会中的状况、科学和艺术的文化上的状况等，是理解近代建筑史的背景时必不可少的文献。作为和 20 世纪的历史并行生活的作者个

㊀ 艾瑞克·霍布斯邦，Eric John Ernest Hobsbawm，エリック·ホブズボーム（1917—2012），英国著名历史学家。英文原版：*The Age of Extremes: A History of the World, 1914—1991* 于 1994 年出版。中文版：《极端的年代：1914—1991》，郑明萱译，江苏人民出版社于 1999 年出版。（译者注）

人史而写成的《趣味横生的时光》（河合秀和译，三省堂，2004年），结合这本书和《极端的年代》一起来读，20世纪的历史就会更加立体地浮现出来。

以上就是对“必读书30册”的简要解说。如果被问到说这些和建筑研究或设计工作是如何结合起来的，也许无法给出明确的回答。对于我个人而言，一册书也好，一个建筑也好，同样都是构筑式思考的产物，读书，无非是对已构筑而成的思考的追加体验。反过来说，建筑，亦是将思考构筑成为眼前可见空间的一种形式。

后记（结论）

难波和彦

LATs 读书会的活动始于 2010 年 6 月。最初拿出来读的书是《日常生活实践》。这本书明确地提出了日常生活的各种活动本身就是一种创造行为的主张，明确地提出了 LATs 读书会意图所指的方向。在第一回之后，每次都是根据参加成员的意见决定好下一回要读的书和两名负责人。每两个月举行一次读书会，由当次的负责人和难波从各自的立场出发总结好摘要并进行汇报。拿来读的书，首先必须符合 LATs 读书会的基本主题，同时还要考虑到，一个人读起来有点困难，要选择那些内容上可以使成员之间相互讨论着深入地来读的书。原则上，每一回的报告都在网站主页上进行公开。在历经了两年的时间举行了十一回之时，暂且告一段落。那之后，在真壁智治先生的劝说下，开始着手于将其著写成书的工作。并在当时以此为契机，我又阅读了刚刚翻译出版的库哈斯的《S，M，L，XL +》和从以前就一直成为话题的同作者的《错乱的纽约》。这作为新的一回，加起来共十二回的 LATs 读书会报告，汇集成本书。

从 LATs 读书会活动开始的 2010 年到总结为本书的 2015 年的五年间，发生了许多事。其中最大的事件，不必说自然是 2011 年 3 月 11 日的东日本大震灾。在那之后很快民主党政权失势，更替为自民党的安倍晋三政权。安倍政权结合灾后复兴和经济恢复，作为安倍经济政策（Abenomics）的一环，实施了过量的公共事业，给原本处于景气回退局面的建设业带来了过剩的需求，造成了建设物价和由于工匠职人不足而引发的人工费的急剧高涨。申报 2020 年东京奥林匹克运动会的决定，更加进一步强化了这一倾向，从全国层面来看导致了公共建筑招标投标工作中的问题。关于其部分影响，在第三部《球与迷宫》中也有所论述。以此为契机，政府和行政机构采取的对策是，将建设工事费的上限作为给定条件，令建筑家和建设业者各为一半一同进行投标，即采用“design · build”这种日本独特的制度。原本在公共事业中，设计方和施工方必须是分离的，这是法律的规定。这是为了确保可以让设计先对建筑物的质量进行明确的规定，再通过各家建设单位对建设费用的竞争来进行招标投标工作，并通过设计方的现场监理确保建筑物的质量。然而建设费的高涨，导致基本上所有的公共建筑的招标投标都无法顺利进行，这种情况甚至动摇了设计施工分离制度的基础。而且受到建设费高涨的冲击，基于国际竞赛的结果，已经进展到实施设计阶段的新国立竞技场的设计方案也暂且回到了白纸的状态，在规定好预算上限的 design · build 方式下重新开始。在本书出版的时候应该就可以看到解决方案了吧。然而却并不可能通过这种方式把问题解决掉。倒不如说，从历史的视角来看，对于建筑家来说比这更大的试炼正在前方等着我们。经过了以上的这些事件和变化，从明治时代一直持续至今的建筑家通过社会运动才争取到的职能，即建筑家社会层面的立场，已经从基础上被动摇了，这是毫无疑问的。而且并不止于此，日本建筑界和建设业界的国际信用大概也已丧失掉了吧。

和这些事态发展并行推进的 LATs 读书会活动，当面对要如何理解接受建筑家职能在社会层面上的变化这一问题时，试图提出几种可供选择的提案。其一，对在东日本大震灾以后与时代大潮流相逆的以公共建筑为中心推进的规划，提出作为其替代方案的参与式规划。这是将作为专业人员的建筑家和作为使用者的市民都看作独立的创作者，并主张公共建筑也应在两者的协力之下来完成。换而言之，建筑家在作为专业人员的同时也是市民。这一命题其实曾在 20 世纪 60 年代末被提出过一次了。其二，关注建筑及城市对人们形成的下意识的影响。对建筑或城市的设计，并不只是在完成的那一刻以其形态或空间来吸引人们的目光，还会通过使用和在其中生活，经过较长时间后对人们的无意识或人们的感性产生作用，进而改变习惯或生活方式，这一点也意义重大。建筑家关注建筑的这种作用，通过对其内在实情进行了解和掌握，并且需将其作为设计条件来进行考虑。为此，建筑家就不得不在专业人员、生活者、使用者的几方立场之间来回往复。其三，关注建筑和城市所持续存在的时间。这不仅包括建筑史所涉及的建筑样式的历史，而且包含在建筑和城市中，由生活所展开的日常时间，以及在建筑中形成的人类史层面的时间。建筑，既是物体，也作为空间，以一种静态的形式存在。对于建筑家来说必须要认识到建筑作为时间层面之存在的这一个侧面。

如上所述的诸多主张，在本书中虽然被简化分类为四个范畴，但它们之间其实是错综复杂地相互缠绕在一起的。对于读者朋友们来说，如果能够通过本书了解建筑家的立场是顺应着时代的潮流逐渐一点点改变和扩大的，我和本书的作者们就已经很荣幸了。

在前面也有写到，一直到本书的成稿，这中间的发展是迂回曲折的。LATs 读书会是东京大学建筑学科难波研究室和难波和彦 + 界工作舍的 OB · OG[㊀] 中的有志人士集合

㊀ “OB · OG”，old boy · old girl，已经毕业的学生们。（译者注）

起来，作为研究室的延续所开展的读书会。每两个月举行一次并将成果集合发表在“10+1”[一]的网站上，进行了十一回连载。当时多亏 Media Design 研究所的齐藤步先生的关照。在连载过程中被真壁智治先生所关注，受邀参加了学术研讨会，并以此为契机开始了将此系列实施出版的计划。在这期间还并行推进着《雷姆・库哈斯/OMA 惊异的构筑》[二]的翻译出版工作，由鹿岛出版社承担并在编辑部川岛胜先生的竭力之下得以在和本书差不多的同一时期出版。同时借此契机为刚刚翻译出版的雷姆・库哈斯的《S，M，L，XL+》举办了一次读书会，并将成果也加到了本书当中一同出版。如上所述，LATs 读书会是难波研究室读书会的延续，在难波研究室读书会中已经读过的书并没有纳入到 LATs 读书会的书单里。但是那里也有希望大家一定要找来读一读的书。所以作为附录，添加了“难波研究室必读书 30 册”这一部分。这原本收录在我从东京大学建筑学科定年退休之际总结发表的《东京大学建筑学科　难波和彦研究室　活动全记录》（角川学艺出版、2010 年）一书中。

㊀ “10+1”网站网址：http：//10plus1. jp。（译者注）

㊁ 英文原版：Roberto Gargiani，*Rem Koolhaas/OMA. The Construction of Merveilles*，2008 年出版。日文版：《レム・コールハース/OMA 驚異の構築》，难波和彦、岩元真明译，鹿岛出版社于2015 年出版。（译者注）

将这些收录于一本书，得益于みすず书房编辑部远藤敏之先生提出的建议。为此，LATs 读书会的成员们不止一次地对原稿进行修改、重写及校正，对于年轻的建筑家们来说我想这也会成为其宝贵的经验。对我来说也是将长年的读书经验进行总结的绝好机会。再一次向与本书有关的各位衷心地表示感谢。

2015 年 11 月

难波和彦

执笔者介绍

岩元真明（いわもと・まさあき）1982 年生。2006 年任德国斯图加特大学 ILEK 研究员。2008 年东京大学大学院硕士毕业。曾就职于难波和彦 + 界工作室。曾任 Vo Trong Nghia Architects 合伙人。自 2015 年起成为 ICAD 共同主持建筑师、首都大学东京特任助教。

梅冈恒治（うめおか・こうじ）1982 年生。2008 年东京大学大学院硕士毕业。曾就职于矶崎新事务所。2013 年设立梅冈设计事务所。

远藤政树（えんどう・まさき）1963 年生。1989 年东京理工大学大学院硕士毕业后，曾就职于难波和彦 + 界工作室。1994 年设立 EDH 远藤设计室。2008 年成为千叶工业大学教授。作品有“Natural Shelter”（2000 年，吉冈奖）、“Natural Ellips”（2003 年，JIA 新人赏、Good Design 赏），共著《住宅的空间原论》（彰国社，2011 年）《不丹传统住居》（全 4 卷、ADP 出版，2015 年）等。

冈崎启佑（おかざき・けいすけ）1984 年生。2010 年东京大学大学院硕士毕业。就职于大成建设设计本部。

川岛范久（かわしま・のりひさ）1982 年生。2007

年东京大学大学院硕士毕业后，就职于日建设计。2012 年任加利福尼亚大学伯克利客座研究员。就职于 LOISOS + UBBELOHDE。2014 年与佐藤桂火一同设立 ARTENVARCH 一级建筑师事务所。作品有“HOUSE BB”（2009 年，共同设计）等。

光岛裕介（こうしま・ゆうすけ）1979 年生。2004 年早稻田大学大学院硕士毕业。曾就职于柏林的建筑设计事务所。2008 年归国后设立光岛裕介建筑设计事务所。2015 年起任神户大学客座副教授。作品有“凯风馆”(2011 年)、“祥云庄”（2013 年)、“旅人庵”（2015 年)，著书《大家的家》（ARTES，2012 年)、《幻想都市风景》（羽鸟书店，2012 年）等。

小林惠吾（こばやし・けいご）1978 年生。2005 年哈佛大学设计学部硕士毕业。就职于 OMA-AMO 鹿特丹事务所。2012 年起任早稻田大学创造理工学部助教，成为设计 Unit IMIN 共同主持建筑师。2014 年负责威尼斯建筑双年展日本馆的展示设计。2015 年起任 NPO 法人 PLAT 董事。

佐佐木崇（ささき・たかし）1982 年生。2006 年神奈川大学本科毕业。就职于设计事务所，自 2012 年起就职于印度尼西亚竹中工务店。

佐藤大介（さとう・だいすけ）1982 年生。神奈川大

学大学院硕士毕业。2009 年伦敦大学巴特莱特建筑学院中退。自 2012 年起就职于坂茂建筑设计事务所。

杉村浩一郎（すぎむら・こういちろう）1974 年生。2000 年大阪艺术大学本科毕业后，就职于难波和彦 + 界工作室。2007 年设立 SVGIMVRA et FVGITAKE 一级建筑师事务所。2011 年改称为杉村浩一郎建筑设计事务所。

田中涉（たなか・わたる）1983 年生。2005 年东京大学本科毕业后，就职于 BIG（丹麦），自 2007 年起就职于日建设计。作品有“HOUSE BB”（2009 年、共同设计）、“成田国际机场第三航站楼”（2015 年）等。

千种成显（ちぐさ・なりあき）1982 年生。2008 年东京大学大学院硕士毕业。曾就职于 NAP 建筑设计事务所。毕业于东京艺术大学大学院美术研究科。自 2013 年起成为大小设计的主持建筑师，2015 年起成为 ICADA 的共同主持建筑师。

枥内秋彦（ともない・あきひこ）1980 年生。2006 年芝浦工业大学大学院硕士毕业。就职于难波和彦 + 界工作室。

中川纯（なかがわ・じゅん）1976 年生。2003 年早稻田大学本科毕业后，就职于难波和彦 + 界工作室。2006 年设立レビ设计室。2013 年任早稻田大学理工学部研究所研究员。现为东京大学、首都大学东京外聘讲师。作品有

“并不是箱之家”（2007年）、“GPL之家”（2009年、Good Design赏）、“15A之家”（2013年）等。

西岛光辅（にしじま・こうすけ）1983年生。2011年东京大学大学院硕士毕业。曾就职于中山英之建筑设计事务所，后就职于Vo Trong Nghia Architects，2014年成为合伙人。自2016年起作为自由建筑师在东京、胡志明市开展活动。

服部一晃（はっとり・かずあき）1984年生。2007年东京大学工学部建筑学科本科毕业。曾到巴黎拉维莱特国立高等建筑学院交换。2010年东京大学大学院硕士毕业。就职于隈研吾建筑都市设计事务所。

龙光寺真人（りゅうこうじ・まさと）1977年生。2002年横滨国立大学大学院硕士毕业后，就职于难波和彦+界工作室。2008年设立龙光寺建筑设计一级建筑师事务所。2011年起任芝浦工业大学建筑学科外聘讲师。作品有“宫田村町二区高龄者互助据点设施”（2011年）等。

编著者简历

（难波和彦　なんば・かずひこ）

1947 年生于大阪。建筑家，担任东京大学名誉教授，放送大学客座教授，文化厅国立近现代建筑资料馆运营委员，Good Design 赏（住宅部门）审查委员等职务。1974 年东京大学大学院博士毕业（生产技术研究所池边阳研究室）。1977 年成立界工作室。1996 年任大阪市立大学建筑学科教授。2003 年任东京大学大学院工学系建筑学院教授。2014 年获日本建筑学会赏・业绩赏。作品有超过 160 栋的“箱之家”系列（1995—）、おなび幼儿园（2004 年）等。著有《建筑的无意识》（住まい图书馆出版局，1991 年），《战后现代建筑的极北——池边阳试论》（彰国社，1999 年），《想要住在箱之家中》（王国社，2000 年），《箱之家》（NTT 出版，2006 年），《建筑的四层构造》（INAX 出版，2009 年），《新住宅的世界》（放送大学教育振兴会，2013 年），《进化　箱之家的 20 年》（TOTO 出版，2015 年）等。